贡嘎山

保护区 贡嘎

珍稀动植物野外识别手册

Field Identification Manual
of Rare Animals and Plants in Gongga Mountain Reserve

四川贡嘎山国家级自然保护区管理局　编著

GUANGXI NORMAL UNIVERSITY PRESS

广西师范大学出版社

·桂林·

图书在版编目（CIP）数据

贡嘎山保护区珍稀动植物野外识别手册 / 四川贡嘎山国家级自然保护区管理局编著. -- 桂林：广西师范大学出版社，2024. 6. -- ISBN 978-7-5598-7110-7

Ⅰ. Q94-62；Q95-62

中国国家版本馆 CIP 数据核字第 2024G90604 号

广西师范大学出版社出版发行

（ 广西桂林市五里店路 9 号　邮政编码：541004 ）
　 网址：http://www.bbtpress.com

出版人：黄轩庄

全国新华书店经销

广西广大印务有限责任公司印刷

（桂林市临桂区秧塘工业园西城大道北侧广西师范大学出版社集团有限公司创意产业园内　邮政编码：541199）

开本：787 mm × 1 092 mm　 1/32

印张：9　　 字数：210 千

2024 年 6 月第 1 版　　 2024 年 6 月第 1 次印刷

定价：158. 00 元

《贡嘎山保护区珍稀动植物野外识别手册》
编委会

主　任　黎昌盛　杨旭煜

副主任　四朗郎加　甲花多吉　春　村　赖　爽　肖解放　代学冬
　　　　　周　辉　付达荣　阮光发

成　员　焦　川　王孝松　刘清勇　其麦泽翁　刘贵英　陈　健　黄　勋
　　　　　汤大彬　舒大文　苏曲批　叶　涛　叶　娟　杨　斌　林心如
　　　　　邓建琼　高树强

总策划　甲花多吉　阮光发

主　编　蒋　勇　吴永杰

副主编　蒋维宏　王　宇　徐　波　巫嘉伟　钱宗亮

编　委　吴　猛　邵发亮　余国宝　席　铭　李旭琴　郑笑傲　乔　江
　　　　　张文静　李　英　李玉梅　陈　敏　唐莲芳　罗永飞　李志明
　　　　　邓明君　陈绪文　龙　云　王俊麟　罗　颖　李林岭　张　悦
　　　　　金文霞　杨雪琴　杨军惠　李灿阳　程　黄海澜

序 [贡嘎] / FOREWORD

贡嘎山山势巍峨雄伟，主峰海拔 7508.9 米，不仅是"蜀山之王"，也是长江流域最高峰，可谓是中国西部的一颗明珠。藏语"贡"是冰雪之意，"嘎"为白色，"贡嘎"意为白色冰山。以贡嘎山为中心的大雪山及横断山脉东段，是我国西部和长江上游极其重要的生态功能区。这片神奇的土地地貌高低悬殊，自然条件复杂，野生动植物资源丰富，生态系统保存完好，具有极高的保护、利用和科研价值。

截至 2023 年，四川贡嘎山国家级自然保护区管理局（以下简称贡嘎山管理局）已经出版了多部贡嘎山相关的生物主题书籍，这些书籍均是开本较大的展示型画册和专业门类图鉴。随着自然教育、博物馆展示和公众科普等领域的不断发展，贡嘎山管理局亟需一本介绍四川贡嘎山国家级自然保护区野生动植物代表物种的科普类野外识别手册作为工具书，满足公众对动植物资源的好奇心和探索欲。本手册根据《四川贡嘎山国家级自然保护区综合科学考察报告》，以贡嘎山特有的动植物为引，旨在向读者展示这些珍稀物种的美丽和独特之处，帮助读者深入了解它们的形态特征、习性及分布情况。本手册采用了大量实地拍摄的照片和手绘插图，力求准确地展示每种动植物的特征和生态习性。通过阅读本手册，读者将亲身感受贡嘎山蕴藏的自然宝藏，体会与珍稀动植物共生共存的重要性。

最后，感谢所有参与本手册编写和摄影工作的同事和朋友们。你们的辛勤付出和无私奉献，使得这本手册能够顺利出版。同时，感谢所有关心和支持野生动植物保护事业的人们，你们的关注和支持是我们不断前进的动力。让我们共同为保护贡嘎山的野生动植物资源而努力！

目录

CONTENTS

贡嘎

G O N G G A   M O U N T A I N

序

概述 **001**

地理位置 002
动物多样性 004
植物多样性 006
生态系统多样性 010
贡嘎山东坡垂直自然带谱 014
野生动植物观察工具 016
生物进化树 017

01 鱼纲 **018**

红尾副鳅 020
短体副鳅 021
戴氏南鳅 022
贝氏高原鳅 023
齐口裂腹鱼 024
大渡软刺裸裂尻鱼 025

02 两栖纲 **026**

无斑山溪鲵 028
山溪鲵 029
西藏山溪鲵 030

九龙齿突蟾 031
西藏齿突蟾 032

03 爬行纲 **033**

横斑锦蛇 036
美姑脊蛇 037
八线腹链蛇 038
赤链蛇 039
黑背白环蛇 040
缅甸颈槽蛇 041
黑头剑蛇 042
白头蝰 043
原矛头蝮 044

04 鸟纲 **045**

斑尾榛鸡 055
四川雉鹑 056
绿尾虹雉 057
胡兀鹫 058
秃鹫 059
金雕 060
白尾海雕 061
玉带海雕 062

猎隼	063	燕隼	088
四川林鸮	064	游隼	089
金额雀鹛	065	鹦嘴鹎	090
黄胸鹀	066	楔尾绿鸠	091
藏雪鸡	067	大紫胸鹦鹉	092
血雉	068	领角鸮	093
红腹角雉	069	红角鸮	094
勺鸡	070	雕鸮	095
白马鸡	071	灰林鸮	096
白腹锦鸡	072	领鸺鹠	097
鸳鸯	073	斑头鸺鹠	098
黑颈鸊鷉	074	三趾啄木鸟	099
黑冠鹃隼	075	白眉山雀	100
凤头蜂鹰	076	红腹山雀	101
黑鸢	077	棕噪鹛	102
高山兀鹫	078	眼纹噪鹛	103
白尾鹞	079	大噪鹛	104
凤头鹰	080	画眉	105
松雀鹰	081	橙翅噪鹛	106
雀鹰	082	红嘴相思鸟	107
苍鹰	083	宝兴鹛雀	108
普通𫛭	084	金胸雀鹛	109
大𫛭	085	四川旋木雀	110
鹰雕	086	红喉歌鸲	111
红隼	087	蓝喉歌鸲	112

黑喉歌鸲 113
金胸歌鸲 114
棕腹大仙鹟 115
红交嘴雀 116
蓝鹀 117

05 哺乳纲 118
大熊猫 123
金钱豹 124
雪豹 125
金猫 126
荒漠猫 127
林麝 128
马麝 129
四川羚牛 130
藏酋猴 131
猕猴 132
赤狐 133
狼 134
黑熊 135
小熊猫 136
黄喉貂 137
水獭 138
斑林狸 139
豹猫 140

兔狲 141
豺 142
毛冠鹿 143
水鹿 144
中华鬣羚 145
岩羊 146
中华斑羚 147

06 石松类植物 148
峨眉石杉 150
锡金石杉 151
高寒水韭 152

07 蕨类植物 153
桫椤 157
月芽铁线蕨 158
小叶中国蕨 159
阔羽粉背蕨 160
康定岩蕨 161

08 裸子植物 162
岷江柏木 166
冷杉 167
岷江冷杉 168

红豆杉 169

南方红豆杉 170

09 被子植物 171

垂茎异黄精 177

康定玉竹 178

水仙花鸢尾 179

川贝母 180

暗紫贝母 181

宝兴百合 182

尖被百合 183

七叶一枝花 184

华重楼 185

狭叶重楼 186

白及 187

莎草兰 188

春兰 189

虎头兰 190

对叶杓兰 191

毛瓣杓兰 192

大叶杓兰 193

黄花杓兰 194

毛杓兰 195

紫点杓兰 196

绿花杓兰 197

西藏杓兰 198

云南杓兰 199

细叶石斛 200

细茎石斛 201

石斛 202

天麻 203

手参 204

华西蝴蝶兰 205

独蒜兰 206

四川独蒜兰 207

云南独蒜兰 208

芒苞草 209

软枣猕猴桃 210

疙瘩七 211

竹节参 212

绵头雪兔子 213

水母雪兔子 214

近似小檗 215

川八角莲 216

桃儿七 217

黄波罗花 218

长梗同钟花 219

甘松 220

康定梅花草 221

连香树 222

独叶草　　　　　223

菊叶红景天　　　224

大花红景天　　　225

长鞭红景天　　　226

四裂红景天　　　227

云南红景天　　　228

问客杜鹃　　　　229

美容杜鹃　　　　230

凹叶杜鹃　　　　231

黄花杜鹃　　　　232

团叶杜鹃　　　　233

白碗杜鹃　　　　234

亮叶杜鹃　　　　235

野大豆　　　　　236

红豆树　　　　　237

寸金草　　　　　238

柴续断　　　　　239

油樟　　　　　　240

西康天女花　　　241

光叶玉兰　　　　242

新粗管马先蒿　　243

四川牡丹　　　　244

滇牡丹　　　　　245

金荞麦　　　　　246

深紫报春　　　　247

大渡乌头　　　　248

疏叶乌头　　　　249

细盔乌头　　　　250

毛翠雀花　　　　251

九龙唐松草　　　252

康定唐松草　　　253

细茎唐松草　　　254

变叶海棠　　　　255

丽江山荆子　　　256

火棘　　　　　　257

香果树　　　　　258

泸定垫柳　　　　259

五小叶槭　　　　260

枕状虎耳草　　　261

唐古特瑞香　　　262

水青树　　　　　263

附录1　　　　264

附录2　　　　268

主要参考文献　272

贡嘎

GONGGA MOUNTAIN

概述 / OVERVIEW

地理位置

GEOGRAPHICAL POSITION

四川贡嘎山国家级自然保护区（以下简称贡嘎山保护区）位于东经101° 29′~102° 12′，北纬29° 01′~30° 05′。该保护区总面积为409143.5公顷，其中核心区面积为225105.0公顷，占保护区总面积的55.02%；缓冲区面积为67702.6公顷，占保护区总面积的16.55%；实验区面积为116335.9公顷，占保护区总面积的28.43%。该保护区于1997年获批建立国家级自然保护区，在行政区划上属于甘孜藏族自治州的康定市、泸定县、九龙县和雅安市的石棉县，其中，在康定市的面积为151561.1公顷，占保护区总面积的37.04%；在泸定县的面积为107901.0公顷，占保护区总面积的26.37%；在九龙县的面积为110027.4公顷，占保护区总面积的26.89%，在石棉县的面积为39654.0公顷，占保护区总面积的9.69%。

四川贡嘎山国家级自然保护区

- 实验区
- 核心区
- 缓冲区

动物多样性

ANIMAL DIVERSITY

　　截至2023年，贡嘎山保护区内查清的脊椎动物共计5纲27目98科565种。其中，鱼纲2目3科23种、两栖纲2目8科28种、爬行纲1目6科34种、鸟纲19目60科412种、哺乳纲3目21科68种；国家重点保护野生动物100种、我国特有野生动物118种。

植物多样性

PLANT DIVERSITY

　　截至2023年，贡嘎山保护区内查清的高等植物共计269科1204属4906种。其中，苔藓植物89科225属578种、蕨类植物26科63属312种、裸子植物4科14属50种、被子植物150科902属3966种；国家重点保护野生植物83种、我国特有野生植物2338种、贡嘎山特有野生植物68种。巨大的谷岭高差和明显的东西坡垂直带谱结构差异使植被带谱完整而复杂，植被可划分为14个植被类型，67个群系。

植物多样性

PLANT DIVERSITY

生态系统多样性

ECOSYSTEM DIVERSITY

贡嘎山保护区复杂的地貌和气候等为区域内生态系统的形成与发育提供了有利条件。区域内的生态系统类型丰富，包括森林、高山灌丛、高山草甸、高山流石滩、河流和冰川生态系统等。组成森林生态系统的植被主要包括亚高山暗针叶林、针阔叶混交林、中山针叶林、低山针叶林、常绿阔叶林、硬叶常绿阔叶林。高山灌丛生态系统在东坡主要分布于海拔3600～4200米，常与高山草甸交错镶嵌，植被以冷箭竹、悬钩子、峨眉蔷薇、绢毛蔷薇等组成的灌丛为主；在西坡分布于海拔4000～4300米，上接高山草甸，下与针叶林相连，植被以多种杜鹃、柳等灌丛为主。高山草甸生态系统分布于东坡海拔4200～4600米、西坡海拔4300～4800米处，多见于分水岭或宽谷缓坡地带，上接高山流

石滩，下达森林线，分布广、面积大。高山流石滩生态系统主要分布于海拔4600~5200米（东坡为4600米，西坡为4800米至雪线以下），上接永久积雪线，该区域属于季风性融冻区，气候十分恶劣。贡嘎山保护区内的水系为雅砻江水系和大渡河水系，在九龙县境内的河流主要是雅砻江右岸支流九龙县河上游，包括九龙县河和踏卡河上游；在康定市、石棉县境内主要是大渡河支流田湾河上游。贡嘎山保护区内比较大的海子有猎塔湖、仁宗海、巴王海。

此外，贡嘎山保护区内还有大量冰川，主要分布于海拔5200米以上的区域。据查，贡嘎山共有现代冰川74条，面积约为255.1平方千米，冰川集中发育在主山脊两侧，呈羽状分布。东坡有冰川33条，冰川面积为154.65平方千米，冰川雪线一般在海拔4800~5000米处，其中燕子沟冰川面积最大，为32.07平方千米，长10.5千米；磨子沟冰川次之，面积为26.84平方千米，长11.6千米，均为山谷冰川。西坡有冰川41条，冰川面积为110.45平方千米，冰川雪线一般在海拔5000~5200米处，其中大贡巴冰川面积最大，为20.22平方千米，长11.0千米。

生态系统多样性

ECOSYSTEM DIVERSITY

贡嘎山东坡垂直自然带谱

VERTICAL NATURAL ZONATION ON THE EASTERN SLOPE OF GONGGA MOUNTAIN

7508.9 m

永久冰雪带

4900.0 m

流石滩稀疏植被带

4600.0 m

高山草甸带

4200.0 m

高山灌丛带

3600.0 m

亚高山针叶林带

2700.0 m

针阔叶混交林带

2400.0 m

常绿落叶阔叶混交林亚带

2000.0 m

常绿阔叶林亚带

1600.0 m

（干旱河谷特有）稀树灌草丛亚带

1000.0 m

大渡河

野生动植物观察工具

WILDLIFE OBSERVATION TOOLS

望远镜
观察远处的动植物

显微镜
研究动植物的构造和
具体的内部特征

相机
记录动植物的形态特
征及生态环境等

放大镜
观察动植物的细节特征

尺子
对动植物进行测量

笔记本和笔
记录观察到的动植物和现象

指南针
确定方向和位置

标签
标记采集的动植物样本

生物进化树

BIOLOGICAL EVOLUTION TREE

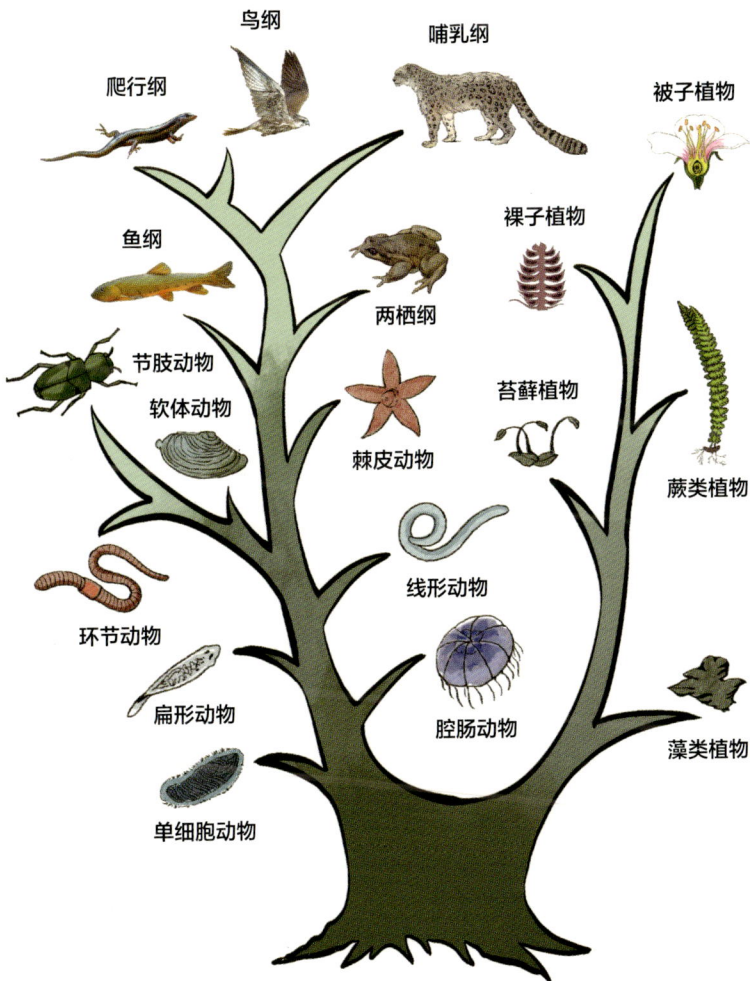

鸟纲

哺乳纲

爬行纲

被子植物

裸子植物

鱼纲

两栖纲

节肢动物

软体动物

苔藓植物

棘皮动物

蕨类植物

环节动物

线形动物

扁形动物

腔肠动物

藻类植物

单细胞动物

01

PISCES

鱼纲

结合野外采集和访问调查，发现贡嘎山保护区内共有鱼纲2目3科23种，包括红尾副鳅、贝氏高原鳅、齐口裂腹鱼等。

鱼结构图

STRUCTURE OF FISHES

大渡软刺裸裂尻鱼

Schizopygopsis malacanthus

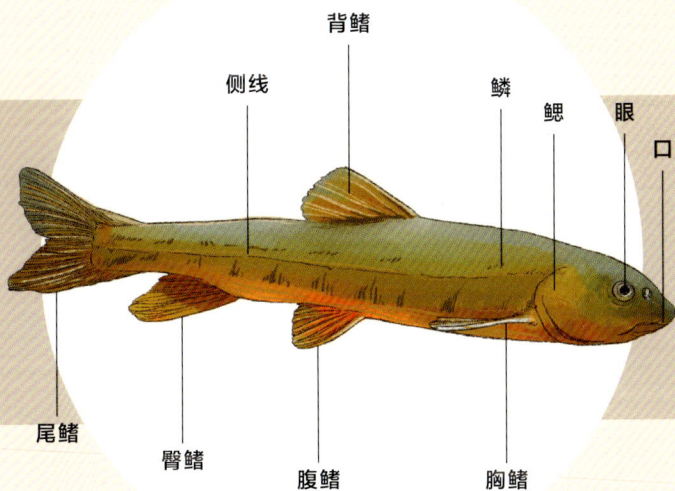

背鳍

侧线

鳞

鳃

眼

口

尾鳍

臀鳍

腹鳍

胸鳍

红尾副鳅 *Paracobitis variegatus*

鲤形目 Cypriniformes
鳅科 Cobitidae

形态特征 身体很细长，侧扁。头较平扁，头宽大于头高。吻较尖，眼小，侧上位，口下位。唇狭，唇面光滑或有皱褶，上颌中部有一齿形突起，下颌匙状，须较短，外吻须伸长至口角或鼻孔之下。身体被有小鳞，前躯稀疏，胸、腹部裸出。侧线完全。背部呈灰褐色，腹部呈浅黄色，一般体侧有14～17条褐色横纹；背、胸鳍呈灰色且有黑色斑点，腹、臀鳍呈黄色，尾鳍呈红色。

习　　性 喜集群，主要以昆虫幼虫为食。

生长环境 栖息于岩缝、石隙或多巨石的洄水湾。

摄影／贡嘎山管理局

短体副鳅 *Paracobitis potanini*

鲤形目 Cypriniformes
鳅科 Cobitidae

形态特征 体长形。头稍短，上下扁平，其宽大于高。吻短，前端圆钝，两颊部膨大。口下位，口裂呈横裂状。眼小，位于头侧上方。鼻孔位于眼前方。体背部和侧上部为褐色带浅灰色，体侧有许多较宽的深褐色横条纹，腹部呈黄褐色。背鳍前缘和外缘有鲜红色边缘，其中部有一列黑色斑纹。胸鳍、腹鳍和臀鳍呈黄褐色。尾柄上部皮质棱的边缘呈鲜红色，尾鳍上有许多小黑斑，其基部有一鲜红色横条纹。

习　　性 主要以底栖无脊椎动物或昆虫幼虫等为食。

生长环境 底栖性鱼类，喜生活在江河或溪流的底层。

摄影 / 贡嘎山管理局

戴氏南鳅 *Schistura dabryi dabryi*

鲤形目 Cypriniformes
鳅科 Cobitidae

形态特征 身体细长，稍侧扁，前躯较宽，尾柄较长。外吻须后伸至鼻孔和眼中心之间的下方，颌须伸达眼后缘之下。前后鼻孔紧邻，前鼻孔为瓣状。下颌前缘中部无"V"字形缺刻。无鳞。侧线完全。浅色的身体上具有褐色的花斑纹，尾鳍有不规则的褐色斑纹。

习　　性 主要以小型昆虫幼虫为食。

生长环境 栖息于急流石砾底河段，停留在石砾缝隙中或岸边被水冲刷形成的洞穴中。

摄影 / 贡嘎山管理局

贝氏高原鳅 *Triplophysa bleekeri*

鲤形目 Cypriniformes
鳅科 Cobitidae

形态特征 体略呈圆筒形，后段侧扁。头锥形，头宽稍大于头高。吻略钝，吻长与眼后头长约等。口下位，弧形，唇狭，光滑或有浅皱褶，下唇中部有缺刻。须3对。背鳍起点距吻端略大于其至尾鳍基。体裸露，侧线完全、清晰。

习　　性 食着生藻类。

生长环境 栖息于开阔河流和山溪石滩浅水处。

摄影 / 贡嘎山管理局

齐口裂腹鱼 *Schizothorax prenanti*

鲤形目 Cypriniformes
鲤科 Cyprinidae

形态特征 体呈长纺锤形，侧扁。全身被细鳞，头钝圆锥状，眼较大，侧上位，口下位，须2对。体侧和背部呈灰蓝色或暗灰色，体侧或杂有黑色小斑点。腹部呈白色。尾鳍、胸鳍、腹鳍和臀鳍呈橘红或红色，无斑点。

习　　性 主要以藻类和水生无脊椎动物为食。

生长环境 发现于贡嘎山田湾河的中下游（草科乡-大渡河汇合口）。

摄影 / 贡嘎山管理局

大渡软刺裸裂尻鱼 *Schizopygopsis malacanthus*

鲤形目 Cypriniformes
鲤科 Cyprinidae

形态特征 体呈卵圆形或菱形，头短，口小，臀鳍始于背鳍基下方。体呈银白色，雄鱼腹部呈橘红色，鳍呈淡红色。雌鱼的输卵管延长成产卵管。

习　　性 主要以植物性食物为食。

生长环境 栖息于高山的溪流中。

摄影 / 贡嘎山管理局

02

AMPHIBIA

两栖纲

  贡嘎山保护区内两栖纲分属2目8科15属28种，其中角蟾科为优势科，分4属10种；其次为蛙科，分3属7种；再次分别为小鲵科（1属3种）、叉舌蛙科（3属3种）、蟾蜍科（1属2种）、蝾螈科（1属1种）、雨蛙科（1属1种）、姬蛙科（1属1种）。其中小鲵科、蝾螈科、角蟾科的共计5个种为国家二级重点保护野生动物。

两栖动物结构图

STRUCTURE OF AMPHIBIANS

九龙齿突蟾

Scutiger jiulongensis

国家二级重点保护野生动物

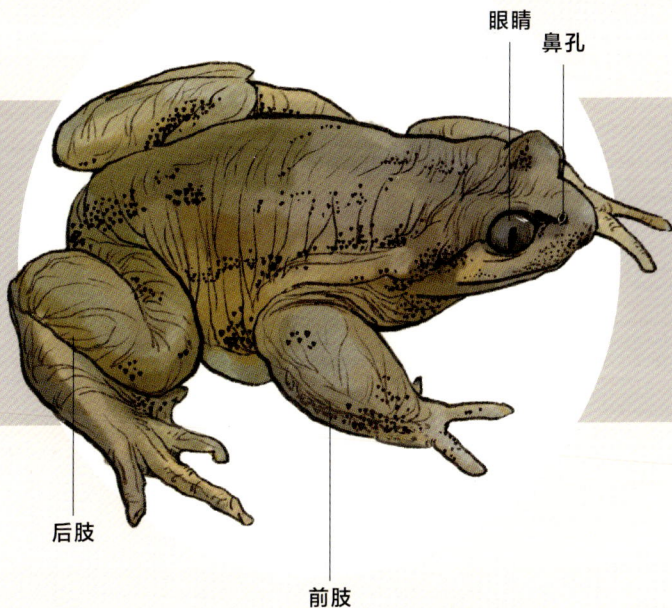

眼睛

鼻孔

后肢

前肢

无斑山溪鲵 *Batrachuperus karlschmidti*

有尾目 Caudata
小鲵科 Hynobiidae

保护级别　国家二级重点保护野生动物。

形态特征　雄鲵全长151～220毫米，雌鲵全长145～191毫米。吻略呈方形，眼径大于眼前角到鼻孔间距，唇褶发达，舌小而长，两侧游离。尾较强壮，略短于体长，基部略圆，向后逐渐侧扁。皮肤无斑点或者花纹，体背面呈黑褐色或黑灰色，腹面颜色稍亮。

习　　性　主要以水中的对虾、石蝇幼虫等为食。

生长环境　栖息于海拔1800～4000米的山地小溪较平整的石头下。

摄影 / 董磊

山溪鲵 *Batrachuperus pinchonii*

有尾目 Caudata
小鲵科 Hynobiidae

保护级别　国家二级重点保护野生动物。

形态特征　雄鲵体长18～20厘米，雌鲵体长15～19厘米。头部略扁平，躯干呈圆柱状，皮肤光滑，尾粗壮、圆柱形，向后逐渐侧扁。

习　　性　主要以藻类、草籽、水生昆虫等为食。

生长环境　栖息于高山山溪、湖泊的石块和树根下，以及苔藓中或融雪泉水碎石下。

摄影 / 黄科

西藏山溪鲵 *Batrachuperus tibetanus*

有尾目 Caudata
小鲵科 Hynobiidae

保护级别 国家二级重点保护野生动物。

形态特征 雄鲵全长175～211毫米，雌鲵全长170～197毫米。头部较扁平，唇褶十分发达，成体颈侧无鳃孔，犁骨齿列短，左右间距宽，呈"八"字形，前颌囟较大。躯干浑圆或略扁平，皮肤光滑，肋沟一般有12条；掌、跖部腹面无角鞘，指、趾各4个。体背面呈深灰色或橄榄灰色，无斑或有细麻斑；腹面色略浅。

习　　性 主要觅食昆虫及水生植物。

生长环境 栖息于海拔1500～4250米的高原或高山高寒地区的流溪内、泉水石滩及其下游溪沟内。

摄影 / 董磊

九龙齿突蟾 *Scutiger jiulongensis*

无尾目 Anura
角蟾科 Megophryidae

保护级别 国家二级重点保护野生动物。

形态特征 雄蟾体长75毫米左右，头较扁平，头宽大于头长；吻端圆，略突出于下唇；吻棱钝，颊部向外倾斜；鼻孔位于吻眼之间；无鼓膜，颞褶宽厚；上颌无齿；无犁骨齿；舌卵圆形，后端无缺刻；瞳孔纵置，咽鼓管口小。生活时背面为棕褐色或暗橄榄色；体背面疣粒部位色深，多形成圆形斑，有的背面有深色带纹，且带纹由疣粒周围的深色斑形成；四肢背面无横纹。腹面呈灰黄色，无斑。

习　　性 主要以昆虫成虫和幼虫为食。

生长环境 栖息于海拔3210～3750米的原始针叶林地带，所在环境阴湿，地面杂草和苔藓丰茂。

摄影/贡嘎山管理局

西藏齿突蟾 *Scutiger boulengeri*

无尾目 Anura
角蟾科 Megophryidae

形态特征   体形较窄扁，头较扁平，吻端圆，鼻孔位于吻眼之间，颊部向外倾斜，有一浅凹陷，眼较适中。舌长梨形，后端游离，无犁骨齿。前臂及手长不到体长之半，指细长，后肢短。皮肤粗糙，头部较光滑；雄蟾背部满布大小刺疣。咽喉和胸部呈米黄色，腹部色较浅。瞳孔纵置，周围为金黄色，有棕色小点。

习   性   主要捕食鞘翅目、鳞翅目、双翅目等昆虫及其幼虫。

生长环境   栖息于海拔3300～5100米的高山或高原的小山溪、泉水石滩地和古冰川湖边。

摄影 / 王刚

03

REPTILIA

爬行纲

贡嘎山保护区内有爬行动物分属蜥蜴亚目2科4属7种、蛇亚目4科17属27种，共计34种。其中包括蜥蜴亚目下的鬣蜥科3种、石龙子科4种，蛇亚目下的游蛇科19种、蝰科6种、闪皮蛇科1种、钝头蛇科1种。游蛇科的横斑锦蛇为国家二级重点保护野生动物。

爬行动物结构图
STRUCTURE OF REPTILES

大渡石龙子

Plestiodon tunganus

头

颈

躯干

尾

前肢

后肢

横斑锦蛇

Euprepiophis perlaceus

国家二级重点保护野生动物

横斑锦蛇 *Euprepiophis perlaceus*

有鳞目 Squamata
游蛇科 Colubridae

保护级别

国家二级重点保护野生动物。

形态特征

与玉斑锦蛇很相似。横斑锦蛇体尾背有狭长的镶白边的黑横斑，背鳞19行，背中央或体后部背中央有数行鳞片起棱。而玉斑锦蛇头后和体中部背鳞则均在21行以上，全部平滑无棱。

习　　性

主要捕食森林中的小型啮齿类动物，可钻洞捕食幼鼠。

生长环境

栖息于海拔2000～2500米的湿润山地，活动于落叶阔叶林林下、路边、溪畔和农耕地附近的草丛、灌丛中。

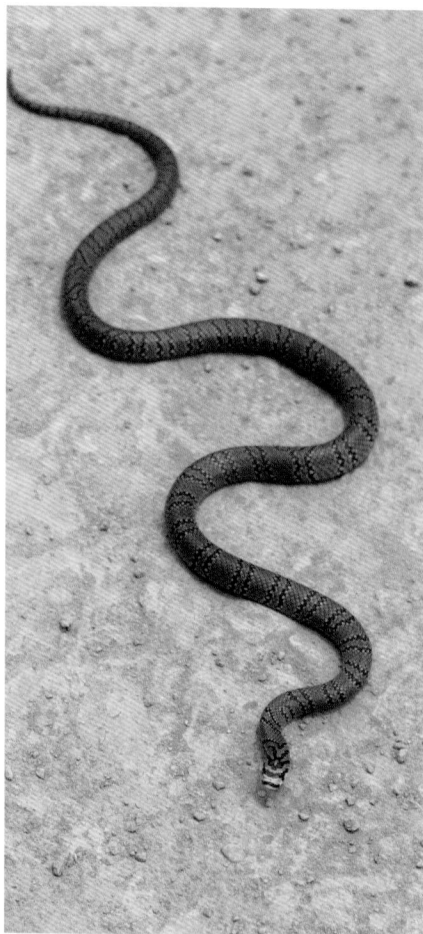

摄影 / 黄耀华

美姑脊蛇 *Achalinus meiguensis*

有鳞目 Squamata
游蛇科 Colubridae

形态特征 体细长，全长约0.5米。前额鳞甚长，无鼻间鳞，左右鼻鳞在吻鳞后方彼此相切，有一极小的眶后鳞，第一对下唇鳞在颏鳞之后彼此相切。体背面呈紫蓝色，具有金属光泽；腹面呈土棕色，腹鳞两侧游离缘则呈灰白色。

习　　性 主要以蚯蚓为食。

生长环境 栖息于海拔2500米左右山区的穴居土中。

摄影 / 王杰

八线腹链蛇 *Amphiesma octolineata*

有鳞目 Squamata
游蛇科 Colubridae

形态特征 背面以黑褐色为主，呈深浅相间的若干纵纹，常有腹链，腹链外侧常呈浅红色纵纹。背鳞最外行平滑，每一鳞片后端略有缺凹。

习　　性 主要以鱼、泥鳅、蛙、疣螈等为食。

生长环境 栖息于海拔2000米以上的高原或山区，常见于稻田、山坡、草地或静水沟、池塘等水域附近。

摄影 / 王杰

赤链蛇 *Lycodon rufozonatum*

有鳞目 Squamata
游蛇科 Colubridae

形态特征 吻较前突且宽圆。头较宽且甚扁，与颈可区分。颊鳞1枚，细长。头背呈黑褐色，鳞沟呈红色。枕部有倒"V"字形红色斑。体、尾背面呈黑褐色，有约等距排列的红色横斑。头、尾腹面呈污白色，腹鳞两侧散布少数黑褐色点斑。

习　　性 主要以鱼类、蛙类、蛇类、蜥蜴、小型哺乳动物、鸟类等为食。

生长环境 栖息于丘陵、山地、平原、田野村舍及水域附近。

摄影 / 王杰

黑背白环蛇 *Lycodon ruhstrati*

有鳞目 Squamata
游蛇科 Colubridae

形态特征　颊鳞和鼻间鳞不邻接，眶前鳞与额鳞不邻接。全身有黑白相间的环纹，在躯干部有20～46环，在尾部有11～22环，仅在尾部的环纹围绕周身。

习　　性　主要以蜥蜴、壁虎、昆虫等为食。

生长环境　栖息于山区和丘陵地带，常于林中灌丛、草丛、田间、溪边、路旁活动。

摄影 / 王杰

缅甸颈槽蛇 *Rhabdophis leonardi*

有鳞目 Squamata
游蛇科 Colubridae

形态特征 头颈略可区分，眼中等大小，瞳孔为圆形。背面呈橄榄绿色，杂有黑色和绛红色斑；腹面呈瓦灰色，杂有绛红色斑；上唇色略浅，部分鳞缘为黑色；头腹面呈灰褐色。

习　　性 主要以蚯蚓、蛞蝓等为食。

生长环境 栖息于海拔1500～2050米的山区。

摄影 / 王杰

黑头剑蛇 *Sibynophis chinensis*

有鳞目 Squamata
游蛇科 Colubridae

形态特征 体形细长。头背呈灰黑色（偶见棕色），上唇鳞为白色，头颈部有1个黑斑，黑斑后缘有1条细白横纹，颈部后段常有一段黑色细纵纹。体背呈棕褐色，腹部呈白色，具有腹链纹。

习　　性 主要以蜥蜴为食，偶食蛇、蛙。

生长环境 栖息于潮湿的山林、丘陵等地区。

摄影 / 王杰

白头蝰 *Azemiops feae*

有鳞目 Squamata
蝰科 Viperidae

形态特征 体长约76厘米，头部背面为白色、呈椭圆形，被以大型对称鳞片。吻宽而短，背鳞平滑，呈紫褐色或蓝黑色。红色或橙红色的横纹在背中央呈左右交错排列或左右相连为一条横纹。头背呈淡褐色，有浅粉红色斑纹；躯干及尾背面呈紫褐色，有镶黑边的朱红色窄横斑十余对，腹面呈藕褐色。

习　　性 主要以小型啮齿动物及食虫类动物为食。

生长环境 栖息于山区有洞穴的岩石地带，也常于路边、稻田、草丛及住宅附近出现。

摄影 / 王杰

原矛头蝮 *Protobothrops mucrosquamatus*

有鳞目 Squamata
蝰科 Viperidae

形态特征 头较窄长，呈三角形，吻棱明显。蛇体较长，尾较长且末端较细，有缠绕性。背面呈棕褐色或红褐色，体侧各有一行暗紫色斑块。

习　　性 主要以小型哺乳动物、鸟类、蛙类等为食。

生长环境 栖息于山区、丘陵草木茂盛的地带。

摄影 / 王杰

04

AVES

鸟纲

贡嘎山保护区内有鸟纲19目60科412种，包括国家重点保护野生鸟类65种，其中国家一级重点保护野生鸟类12种，如斑尾榛鸡、四川雉鹑、绿尾虹雉、白尾海雕和胡兀鹫等；国家二级重点保护野生鸟类53种，如藏雪鸡、红腹角雉、鸳鸯和红隼等。

鸟结构图

STRUCTURE OF BIRDS

苍 鹰

Accipiter gentilis

国家二级重点保护野生动物

头部

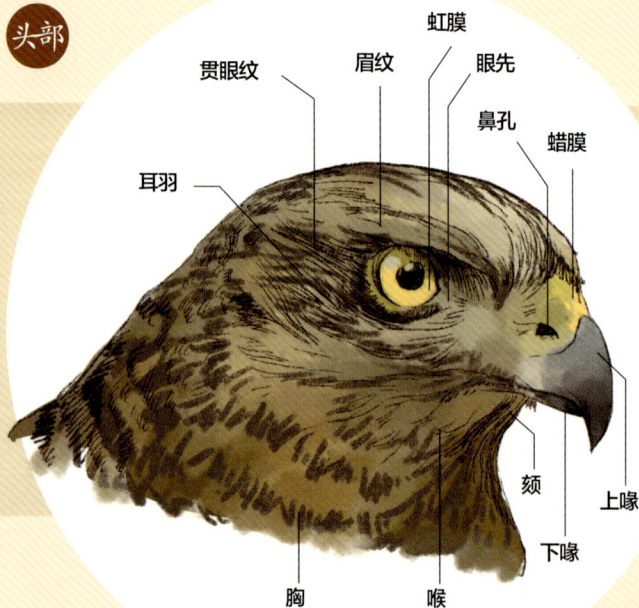

虹膜
眉纹
眼先
贯眼纹
鼻孔
蜡膜
耳羽
颏
上喙
下喙
胸
喉

雀鹰

Accipiter nisus

国家二级重点保护野生动物

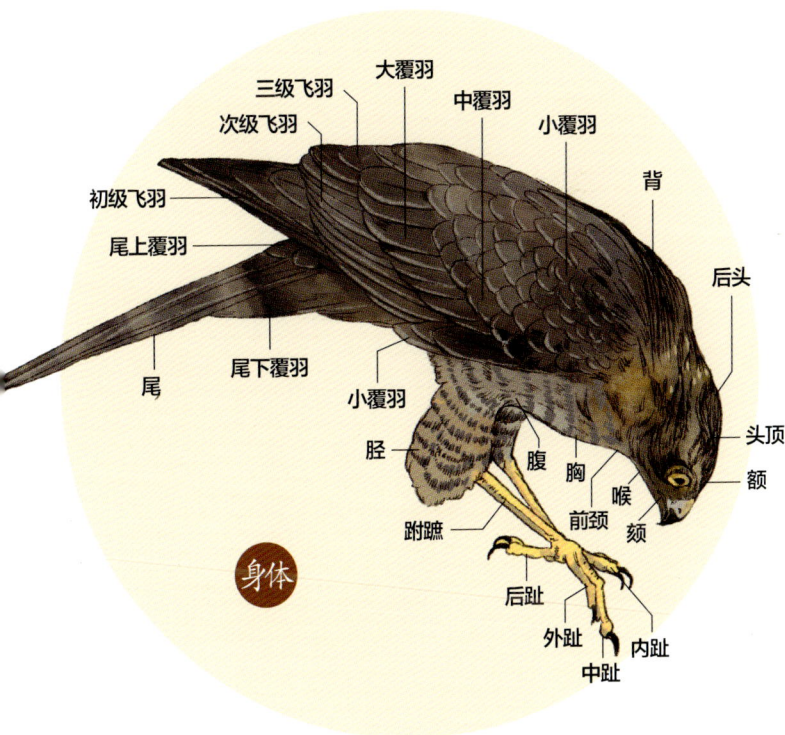

三级飞羽
次级飞羽
大覆羽
中覆羽
小覆羽
背
初级飞羽
尾上覆羽
后头
尾
尾下覆羽
小覆羽
头顶
胫
腹
额
胸
喉
前颈
跗蹠
颏
身体
后趾
外趾
内趾
中趾

各种鸟尾

玉带海雕

Haliaeetus leucoryphus

白眉山雀

Poecile superciliosus

红隼

Falco tinnunculus

三趾啄木鸟

Picoides tridactylus

白腹锦鸡

Chrysolophus amherstiae

各种鸟喙

红腹山雀（食种子）
Poecile davidi

大紫胸鹦鹉（食水果和坚果）
Psittacula derbiana

蓝喉太阳鸟（食花蜜）
Aethopyga gouldiae

夜鹭（食鱼）
Nycticorax nycticorax

金雕（食肉）
Aquila chrysaetos

绿尾虹雉

Lophophorus lhuysii

国家一级重点保护野生动物

初级飞羽

头

红腹角雉

Tragopan temminckii

国家二级重点保护野生动物

头

初级飞羽

金 雕

Aquila chrysaetos

国家一级重点保护野生动物

初级飞羽

头

猎隼

Falco cherrug

国家一级重点保护野生动物

初级飞羽

头

鸳 鸯

Aix galericulata

国家二级重点保护野生动物

头

初级飞羽

斑尾榛鸡 *Tetrastes sewerzowi*

鸡形目 Galliformes
雉科 Phasianidae

保护级别 国家一级重点保护野生动物。

形态特征 小型鸡类。胸部呈褐色，下体白色区域较多，具有黑褐色的横斑，胁部具有褐色斑。虹膜呈褐色，嘴呈黑色，脚呈灰色。

习　　性 成对或成群活动，主要以植物嫩叶和昆虫为食。

生长环境 为贡嘎山留鸟，栖息于亚高山针叶林、林缘和灌丛带。

摄影 / 李斌

四川雉鹑 *Tetraophasis szechenyii*

鸡形目 Galliformes
雉科 Phasianidae

保护级别 国家一级重点保护野生动物。

形态特征 中型鸡类。体羽呈灰褐色，头顶和枕部有黑褐色的中央纹，胸部底色为淡灰色，腹部中央为棕白色，有时杂有栗色。虹膜呈栗色，喙呈珊瑚红色，脚呈褐色。

习　　性 主要以植物果实和种子为食，兼食少量昆虫。

生长环境 为贡嘎山留鸟，发现于康定市贡嘎山镇，栖息于海拔3188～4200米的高山森林、林缘和杜鹃灌丛地带。

摄影 / 周华明

绿尾虹雉 *Lophophorus lhuysii*

鸡形目 Galliformes
雉科 Phasianidae

保护级别 国家一级重点保护野生动物。

形态特征 大型鸡类。雄鸟具有紫色羽冠，下背呈白色，尾羽呈蓝绿色；雌鸟下背到尾上覆羽和尾端呈浅白色。虹膜呈褐色，眼周呈蓝色，喙角呈褐色，脚呈暗绿色。

习　　性 常成小群活动，以植物果实和种子为食，尤喜刨食贝母球茎，故又称为"贝母鸡"。

生长环境 为贡嘎山留鸟，栖息于高山草甸、灌丛和裸岩地带。

摄影 / 张铭

胡兀鹫 *Gypaetus barbatus*

鹰形目 Accipitriformes
鹰科 Accipitridae

保护级别　国家一级重点保护野生动物。

形态特征　大型猛禽。上体为黄褐色，有黑色纵纹，头呈灰白色，具有黑色的贯眼纹，喙边有明显的黑色胡须，颈部、胸部和下体为红褐色，尾羽呈明显的楔形，喙高而侧扁，前端呈钩状。虹膜呈淡黄色，喙角呈褐色，端部呈黑色，脚呈铅灰色。

习　　性　不集群，常单独活动。于盘旋中搜寻食物，以动物尸体和骨头为食。

生长环境　为贡嘎山留鸟，主要栖息于高原草地带，有时可见于针阔叶混交林带。

摄影 / 周华明

秃鹫 *Aegypius monachus*

鹰形目 Accipitriformes
鹰科 Accipitridae

保护级别　国家一级重点保护野生动物。

形态特征　大型猛禽。通体黑褐色，头裸出，颈背有短的黑褐色绒羽；后颈完全裸出无羽，颈基部被有长的黑色或淡褐白色羽簇形成的皱翎。幼鸟比成鸟体色淡，头更裸露。虹膜呈暗褐色，喙灰呈褐色，脚呈灰白色。

习　　性　主要以大中型动物的尸体为食，但也会捕食中小型兽类和鸟类。

生长环境　为贡嘎山留鸟，栖息于高山草地、河流及林缘地带，常在这些地方上空盘旋觅食。

摄影 / 沈尤

金雕 *Aquila chrysaetos*

鹰形目 Accipitriformes
鹰科 Accipitridae

保护级别 国家一级重点保护野生动物。

形态特征 大型猛禽，于2023年被评选为甘孜藏族自治州的"州鸟"。身体呈较深的褐色，因颈后羽毛金黄色而得名。嘴巨大。飞行时腰部白色明显可见。尾长而圆，两翼呈浅"V"字形。虹膜呈栗褐色，喙基部呈蓝灰色，端部呈黑色，脚呈黄色。

习　　性 主要以大型鸟类和兽类为食。

生长环境 为贡嘎山夏候鸟。发现于东经102.12789°、北纬29.50141°、海拔2355米的石棉县湾东河和东经102.14944°、北纬29.42432°、海拔1176米的泸定县仁宗海。栖息于高山草地和森林地带，冬季或迁徙季节可见于平原和丘陵地区。

摄影 / 邹滔

白尾海雕 *Haliaeetus albicilla*

鹰形目 Accipitriformes
鹰科 Accipitridae

保护级别 国家一级重点保护野生动物。

形态特征 大型猛禽。成鸟头部、上胸具有浅褐色披针状羽毛，具有黄色大嘴、白色楔形尾，飞行时容易辨认。幼鸟嘴为黑褐色，羽毛为深褐色，且具有不规则的浅色点斑。成鸟虹膜呈黄色，喙呈黄色，脚呈黄色，爪呈黑色。

习　　性 单独或成对在白天活动。主要以鱼为食，兼食鸟类和中小型哺乳动物，偶尔攻击家禽和家畜。

生长环境 为贡嘎山旅鸟，发现于海拔3000米的海螺沟，栖息于湖泊、河流附近。

摄影 / 巫嘉伟

玉带海雕 *Haliaeetus leucoryphus*

鹰形目 Accipitriformes
鹰科 Accipitridae

保护级别 国家一级重点保护野生动物。

形态特征 大型猛禽。头部和颈部有土黄色披针状羽毛，体羽呈黑褐色，下体呈棕褐色，尾羽中间有一道宽阔的白色横带斑。虹膜呈黄色，喙呈铅灰色，脚呈黄色。

习　　性 在湖泊岸边以淡水鱼和雁鸭等水禽为食，在草原及荒漠地带主要以旱獭、黄鼠、鼠兔等啮齿动物为食。

生长环境 栖息于有湖泊、河流和水塘等水域的开阔地区。

摄影 / 巫嘉伟

猎隼 *Falco cherrug*

隼形目 Falconiformes
隼科 Falconidae

保护级别　国家一级重点保护野生动物。

形态特征　中型猛禽。颈背偏白，头顶呈浅褐色。头部对比色少，眼下方具有不明显的黑色线条，眉纹为白色。上体多褐色且略有横斑，与翼尖的深褐色成对比。尾部有狭窄的白色羽端。下体偏白，狭窄翼尖呈深色，翼下大覆羽具有黑色细纹。

习　　性　多在空旷的地方活动觅食，以鸟类、野兔和鼠类等为食。

生长环境　为贡嘎山留鸟，栖息于高山山麓和林缘。

摄影 / 沈尤

四川林鸮 *Strix davidi*

鸮形目 Strigiformes
鸱鸮科 Strigidae

保护级别 国家一级重点保护野生动物。

形态特征 中型鸮类。无耳羽簇，面盘为灰色。轮廓似灰林鸮，但下体纵纹比灰林鸮更简单。与长尾林鸮类似，但体色比长尾林鸮更深。虹膜呈褐色，喙呈黄色，脚被羽且具有灰色及褐色的横带。

习　　性 常单独活动，夜行性。主要以鼠类、小型脊椎动物和昆虫为食。

生长环境 为贡嘎山留鸟，栖息于亚高山针叶林和针阔叶混交林中。

摄影 / 巫嘉伟

金额雀鹛 *Schoeniparus variegaticeps*

雀形目 Passeriformes
幽鹛科 Pellorneidae

保护级别 国家一级重点保护野生动物。

形态特征 前额为金黄色，头顶有黑色细纵纹，后枕呈栗色，脸呈乳白色，下颊具有黑色块斑，上背为灰褐色，下体为白色染灰色，两翼具有橙色翼斑，尾羽基部为橙黄色。与栗头雀鹛类似，但金额雀鹛前额为金黄色且无深色眼纹。虹膜呈黑色，喙呈橘黄色，脚呈橘黄色。

习　　性 多成对活动，觅食于植被中下层。

生长环境 栖息于中低海拔近溪流的常绿阔叶林及竹林林缘。

摄影 / 巫嘉伟

黄胸鹀 *Emberiza aureola*

雀形目 Passeriformes
鹀科 Emberizidae

保护级别 国家一级重点保护野生动物。

形态特征 小型鸟类。雄鸟的额、头顶、颏、喉呈黑色，上体呈栗色或栗红色；尾呈黑褐色，外侧两对尾羽具有长的楔状白斑；两翅呈黑褐色，翅上有一窄的白色横带和一宽的白色翅斑。下体呈鲜黄色，胸有一深栗色横带。

习　性 繁殖季节主要以昆虫和昆虫幼虫为食，迁徙期间主要以谷子、稻谷、高粱、麦粒等农作物为食。

生长环境 为贡嘎山旅鸟，栖息于低山丘陵和开阔平原地带的灌丛、草甸、草地和林缘地带，尤其喜欢在溪流、湖泊和沼泽附近的灌丛、草地中活动。

摄影 / 董磊

藏雪鸡 *Tetraogallus tibetanus*

鸡形目 Galliformes
雉科 Phasianidae

保护级别　国家二级重点保护野生动物。

形态特征　大型鸡类。头和颈部为灰色，前额和喉部为白色，耳羽为淡黄色。
　　　　　　上体呈棕褐色，下体呈白色，具有黑色的纵纹。外侧的次级飞羽边
　　　　　　缘为白色。虹膜呈褐色，喙呈黄色，脚呈橘黄色。

习　　性　喜爱结群，主要以植物的叶、芽和茎等为食。

生长环境　为贡嘎山留鸟，栖息于林线以上的高原乃至雪线一带的苔原草地和
　　　　　　稀疏灌丛带，从不进入森林和厚密灌丛区。

摄影 / 巫嘉伟

血雉 *Ithaginis cruentus*

鸡形目 Galliformes
雉科 Phasianidae

保护级别　国家二级重点保护野生动物。

形态特征　中型鸡类。头顶具有明显的羽冠，雄鸟体羽为乌灰色，蓬松细长，呈披针形。次级飞羽及尾羽具有砖红色的羽缘，下体沾绿色。雌鸟通体呈暗褐色。虹膜呈褐色，喙呈黑色，脚呈橙红色。

习　　性　性喜成群，主要以植食性食物为食，如苔藓类、莎草科等植物的叶片及种子。

生长环境　为贡嘎山留鸟，栖息于海拔2517～3735米的针阔叶混交林和暗针叶林带。

摄影 / 巫嘉伟

红腹角雉 *Tragopan temminckii*

鸡形目 Galliformes
雉科 Phasianidae

保护级别 国家二级重点保护野生动物。

形态特征 中型鸡类。雄鸟通体呈绯红色，脸部裸露皮肤呈蓝色，上体满布具有黑缘的灰色眼状斑，下体有大块的浅灰色鳞状斑。虹膜呈褐色，喙呈黑褐色，脚呈粉红色。

习　　性 多单独活动，主要以植物性食物为食，包括种子、果实、幼芽及嫩叶等。

生长环境 为贡嘎山留鸟，发现于东经102.08076°、北纬29.35217°、海拔2175米的唐家沟，栖息于海拔2175~3735米的阔叶林和针阔叶混交林。

摄影 / 张铭

勺鸡 *Pucrasia macrolopha*

鸡形目 Galliformes
雉科 Phasianidae

保护级别　国家二级重点保护野生动物。

形态特征　中型鸡类。雄鸟具有长而飘逸的棕黑色羽冠，头呈金属绿色，颈侧有一白斑，上体有披针形的羽毛。雌鸟体形较小，羽冠较短。虹膜呈褐色，喙呈黑褐色，脚呈灰褐色。

习　　性　雌雄终生成对活动，很少结群。主要以植物性食物为食，兼食少量昆虫。

生长环境　为贡嘎山留鸟，栖息于针阔叶混交林、针叶林和高山灌丛带。

摄影 / 沈尤

白马鸡 *Crossoptilon crossoptilon*

鸡形目 Galliformes
雉科 Phasianidae

保护级别　国家二级重点保护野生动物。

形态特征　大型鸡类。整体呈白色或灰白色，尾端呈黑色，脸上裸露的皮肤为红色，头顶呈黑色，耳羽簇短，尾羽披散下垂。虹膜呈黄色，喙呈粉红色，脚呈红色。

习　　性　小群活动，主要以植物性食物为食，兼食少量昆虫等动物性食物。

生长环境　为贡嘎山留鸟，发现于东经101.5542°、北纬29.2434°、海拔3735米的烂泥巴沟，栖息于海拔3188～3735米的高山和亚高山的冷杉、云杉、栎树林和杜鹃灌丛等地带。

摄影 / 贡嘎山管理局

白腹锦鸡 *Chrysolophus amherstiae*

鸡形目 Galliformes
雉科 Phasianidae

保护级别 国家二级重点保护野生动物。

形态特征 中型鸡类。雄鸟以银白色为主，头顶、喉、胸和肩羽呈金属绿色，上枕部呈绯红色，枕部具有黑白相间的披肩，翅呈钴蓝色，下背和腰由黄色逐渐转为红色，腹呈白色。雌鸟较小，周身呈黄褐色且有黑斑，头后也有近白色带有黑边的羽毛，但不似雄鸟明显。虹膜呈黄色，喙呈蓝灰色，脚呈青灰色。

习　　性 单独或小群活动，主要以植物性食物为食，兼食少量昆虫。

生长环境 为贡嘎山留鸟，发现于东经101.91349°、北纬29.42204°、海拔2802米的石棉县，栖息于海拔1975～3182米的阔叶林、针阔叶混交林、竹林和灌丛带。

摄影 / 周华明

鸳鸯 *Aix galericulata*

雁形目 Anseriformes
鸭科 Anatidae

保护级别 国家二级重点保护野生动物。

形态特征 中型鸭类。雄鸟外表极为艳丽，有醒目的白色眉纹、金色颈、背部长羽及拢翼后可直立的独特棕黄色炫耀性帆状饰羽。雌鸟不如雄鸟艳丽，具有亮灰色体羽、雅致的白色眼圈及眼后线。虹膜呈褐色，雄鸟喙呈红色、雌鸟喙呈灰色，脚呈橙黄色。

习　　性 成群活动，具有杂食性。春、秋迁徙时，以植物性食物为食，如草籽、稻谷等；繁殖季节以动物性食物为食，如蛙、鱼类等。

生长环境 栖息于阔叶林和针阔叶混交林的沼泽、芦苇塘及湖泊等。

摄影 / 沈尤

黑颈䴙䴘 *Podiceps nigricollis*

䴙䴘目 Podicipediformes
䴙䴘科 Podicipedidae

保护级别 国家二级重点保护野生动物。

形态特征 体形较小，繁殖期成鸟头顶、颈部和上体呈黑色，眼后具有金黄色扇形的饰羽，两胁呈红褐色，下体呈白色。虹膜呈红色，喙呈黑色，脚呈黑色。

习　　性 成对或成小群活动，主要以昆虫及其幼虫、鱼、蛙、蝌蚪、蠕虫，以及甲壳类和软体动物为食。

生长环境 栖息于湖泊、水塘、河流及沼泽地带，特别是富有岸边植物的湖泊和水塘中。

摄影 / 沈尤

黑冠鹃隼 *Aviceda leuphotes*

鹰形目 Accipitriformes
鹰科 Accipitridae

保护级别　国家二级重点保护野生动物。

形态特征　小型猛禽。头顶具有长而垂直竖立的蓝黑色冠羽，极为显著。整体体羽呈黑色，胸部具有白色宽纹，翼具有白斑，腹部具有深栗色横纹。两翼短圆，飞行时可见黑色衬，翼灰且端黑。虹膜呈红色，喙呈铅色，脚呈深灰色。

习　　性　成对或成小群活动，主要以昆虫等为食。

生长环境　为贡嘎山夏候鸟，发现于东经102.16562°、北纬29.47075°、海拔1358米的茶园沟，栖息于丘陵阔叶林带。

摄影 / 邹滔

凤头蜂鹰 *Pernis ptilorhynchus*

鹰形目 Accipitriformes
鹰科 Accipitridae

保护级别　国家二级重点保护野生动物。

形态特征　中型猛禽。不同个体的体色由从浅色到黑色，变化非常大。凤头明显，喉部为白色，具有黑色纵纹。飞行时，其下端的飞羽常具有黑色横带，尾部具有两条粗的黑色横带（雄性）或三条细的黑色横带（雌性）。虹膜呈黄色，喙呈黑色，脚呈黄色。

习　　性　常单独活动，主要以黄蜂、胡蜂、蜜蜂和其他蜂类为食，兼食其他昆虫和鸟类。

生长环境　栖息于各种森林和林缘地带。

摄影 / 沈尤

黑鸢 *Milvus migrans*

鹰形目 Accipitriformes
鹰科 Accipitridae

保护级别 国家二级重点保护野生动物。

形态特征 中型猛禽。浅叉型尾为本种识别特征，飞行时尾张开可成平尾。飞行时初级飞羽基部的浅色斑与近黑色的翼尖形成对照。头有时比背色浅。虹膜呈棕色，喙呈灰色，脚呈黄色。

习 性 常单独活动，主要以小鸟、鼠类、蛇、蛙、鱼、野兔、蜥蜴和昆虫等动物为食，兼食家禽和腐尸。

生长环境 栖息于开阔平原、草地、荒原和低山丘陵地带。

摄影 / 董磊

高山兀鹫 *Gyps himalayensis*

鹰形目 Accipitriformes
鹰科 Accipitridae

保护级别 国家二级重点保护野生动物。

形态特征 大型猛禽。下体具有白色纵纹，头及颈略被白色绒羽，具有淡黄色的松软领羽。初级飞羽呈黑色。嘴形高大而侧扁，先端弯曲。虹膜呈橘黄色，喙呈灰色，脚呈灰色。

习　　性 主要以腐肉和尸体为食，一般不攻击活的动物。

生长环境 为贡嘎山留鸟，发现于东经101.30602°～101.57793°、北纬29.25995°～29.8512°、海拔3000～3500米的沙德镇和烂泥巴沟，栖息于海拔3000～3720米的高山地带。

摄影 / 巫嘉伟

白尾鹞 *Circus cyaneus*

鹰形目 Accipitriformes
鹰科 Accipitridae

保护级别 国家二级重点保护野生动物。

形态特征 中型猛禽。雄鸟上体呈蓝灰色，头和胸颜色较暗，翅尖呈黑色，尾上覆羽为白色，腹、两肋和翅下覆羽也为白色。雌鸟上体呈暗褐色，尾上覆羽为白色，下体呈淡黄白色或棕黄褐色，杂以粗的红褐色或暗棕褐色纵纹。虹膜呈黄色，喙呈黑色，脚呈黄色。

习　　性 常单独活动，主要以小鸟、蛙和鼠类等为食。

生长环境 为贡嘎山冬候鸟，发现于东经101.30602°、北纬29.43575°、海拔3000米的沙德镇，栖息于高山湖泊和草地，也见于平原和宽阔的丘陵地带。

摄影 / 巫嘉伟

凤头鹰 *Accipiter trivirgatus*

鹰形目 Accipitriformes
鹰科 Accipitridae

保护级别　国家二级重点保护野生动物。

形态特征　中型猛禽。成年雄鸟上体呈灰褐色；两翼及尾具有横斑；下体呈棕色；胸部具有白色纵纹；腹部及大腿呈白色且具有近黑色粗横斑；颈白，有近黑色纵纹至喉，有两道黑色髭纹。亚成鸟及雌鸟与成年雄鸟类似，但下体纵纹及横斑均为褐色，上体褐色较淡。虹膜呈金黄色，喙呈褐色，脚呈淡黄色。

习　　性　多单独活动，主要以蛙、小鸟、鼠类、昆虫等动物为食。

生长环境　为贡嘎山夏候鸟，发现于东经102.14622°、北纬29.47444°、海拔1538米的茶园沟和东经102.12756°、北纬29.41208°、海拔1308米的仁宗海。栖息于阔叶林带、竹林和灌丛带。

摄影 / 何晓安

松雀鹰 *Accipiter virgatus*

鹰形目 Accipitriformes
鹰科 Accipitridae

保护级别 国家二级重点保护野生动物。

形态特征 体形中等。雄鸟上体呈黑灰色，喉部呈白色，喉中央有一条细窄的黑色中央纹，其余下体呈白色或灰白色。雌鸟个体较大，上体呈暗褐色，下体呈白色且有暗褐色或赤棕褐色横斑。虹膜呈黄色，喙呈铅灰色，脚呈黄色。

习　　性 单独或成对活动，主要以鼠类、小型鸟类、蜥蜴、昆虫等动物为食。

生长环境 栖息于山地针叶林、阔叶林和针阔叶混交林中，以及林缘开阔地带。

摄影 / 周华明

雀鹰 *Accipiter nisus*

鹰形目 Accipitriformes
鹰科 Accipitridae

保护级别 国家二级重点保护野生动物。

形态特征 小型猛禽。雌鸟较雄鸟略大，雄鸟上体呈褐灰色，白色的下体多有棕色横斑，尾部有横带。脸颊呈棕色为识别特征。雌鸟上体呈褐色，下体呈白色，胸、腹部及腿具有灰褐色横斑，无喉中线，脸颊的棕色较少。虹膜呈橙黄色，喙呈铅灰色，脚呈黄色。

习　性 常单独生活，主要以鸽和小鸟等为食。

生长环境 为贡嘎山留鸟，栖息于海拔1390～3651米的阔叶林、针阔叶混交林带，冬季可见其在平原村庄活动觅食。

摄影 / 巫嘉伟

苍鹰 *Accipiter gentilis*

鹰形目 Accipitriformes
鹰科 Accipitridae

保护级别 国家二级重点保护野生动物。

形态特征 中型猛禽。成鸟上体呈纯青灰色；眉纹呈白色；下体呈白色，满布
黑褐色波形横斑；尾羽呈灰褐色，有4～5道黑褐色横带。雌鸟羽色
与雄鸟相似，但雌鸟羽色更暗、体形更大。虹膜呈黄色，喙呈铅灰
色，脚呈黄色。

习　　性 通常单独活动，主要以鸟类等小型脊椎动物为食。

生长环境 为贡嘎山夏候鸟，栖息于针阔叶混交林和低山丘陵的村落树林中。

摄影 / 邹滔

普通鵟 *Buteo japonicus*

鹰形目 Accipitriformes
鹰科 Accipitridae

保护级别 国家二级重点保护野生动物。

形态特征 中型猛禽。有多种色型，常见上体呈红褐色，下体呈暗褐色，具有纵纹，浅色型上胸具有深色带。飞行时两翼宽而圆，初级飞羽基部有特征性白色块斑。尾近端处常有黑色横纹。虹膜呈黄色，喙呈铅灰色，脚呈黄色。

习　　性 多单独活动，主要以啮齿类、小鸟和大型昆虫为食。

生长环境 为贡嘎山冬候鸟，发现于东经101.5836°～102.17215°、北纬29.40429°～29.9044°、海拔1055～3400米的沙德镇、磨西镇、燕子沟、姊妹村，栖息于阔叶林、针阔叶混交林，可至高山草甸地带。

摄影／沈尤

大鵟 *Buteo hemilasius*

鹰形目 Accipitriformes
鹰科 Accipitridae

保护级别 国家二级重点保护野生动物。

形态特征 大型猛禽。与棕尾鵟相似，但体形较棕尾鵟更大，尾上偏白并常有横斑，腿呈深灰色，次级飞羽具有清楚的深灰色条带；浅色型有深棕色的翼缘；深色型初级飞羽下方的白色斑块比棕尾鵟的小；尾常为褐色。虹膜呈黄色，喙呈黑色，脚呈黄色。

习　性 常单独或小群活动，捕食多种中小型脊椎动物。

生长环境 为贡嘎山留鸟，栖息于山地、草地、平原等，冬季可见其在村庄或城市周边的树林中活动。

摄影 / 巫嘉伟

鹰雕 *Nisaetus nipalensis*

鹰形目 Accipitriformes
鹰科 Accipitridae

保护级别 国家二级重点保护野生动物。

形态特征 具有长羽冠，成鸟上体呈灰褐色，喉和胸呈白色，具有明显的黑色纵纹及横斑，其余下体呈淡褐色。翅膀十分宽阔，飞行时可见翅下具有平行排列的黑色横斑，尾打开呈扇形，具有数道平行的横斑。虹膜呈黄色，喙呈黑色，脚呈黄色。

习　　性 经常单独活动，主要以野兔、野鸡、蛇类和鼠类等为食，兼食小鸟和大的昆虫。

生长环境 栖息于不同海拔的山地森林地带，最高可栖息于海拔4000米处。

摄影 / 周华明

红隼 *Falco tinnunculus*

隼形目 Falconiformes
隼科 Falconidae

保护级别 国家二级重点保护野生动物。

形态特征 小型猛禽。雄鸟头顶及颈背呈灰色，尾呈蓝灰色具无横斑，上体呈赤褐色并具有少许黑色横斑，下体呈淡黄色且具有黑色纵纹。雌鸟上体呈褐色，有黑褐色纵纹和横斑，下体呈乳黄色，除喉外均被黑褐色纵纹和斑点。虹膜呈黑褐色，喙呈蓝灰色，脚呈黄色。

习　　性 单独活动，主要以昆虫为食，兼食小鸟和鼠类。

生长环境 为贡嘎山留鸟，发现于东经102.15026°、北纬29.49667°、海拔2074米的湾东河，栖息于阔叶林、针阔叶混交林、针叶林、低山丘陵和农田等各类生境中。

摄影 / 巫嘉伟

燕隼 *Falco subbuteo*

隼形目 Falconiformes
隼科 Falconidae

保护级别 国家二级重点保护野生动物。

形态特征 体小的黑白色隼。翼长，腿及臀呈棕色，上体呈深灰色，胸呈乳白色且具有黑色纵纹。雌鸟体形比雄鸟大且多褐色，腿及尾下覆羽细纹较多。虹膜呈褐色，喙呈灰色，脚呈黄色。

习　性 单独或成对活动，主要以麻雀、山雀等雀形目小鸟为食。

生长环境 栖息于有稀疏树木生长的开阔平原、旷野、耕地、疏林和林缘地带。

摄影 / 张永

游隼 *Falco peregrinus*

隼形目 Falconiformes
隼科 Falconidae

保护级别 国家二级重点保护野生动物。

形态特征 体大而强壮的深色隼。成鸟头顶及脸颊呈灰黑色或具有黑色条纹；上体呈深灰色且具有黑色点斑和横纹；下体呈白色，胸部具有黑色纵纹，腹部、腿及尾下多有黑色横斑。雌鸟体形比雄鸟大。虹膜呈黑色，喙呈灰色，脚呈黄色。

习　　性 多单独活动，主要以野鸭、鸥、鸠鸽类、乌鸦和鸡类等中小型鸟类为食。

生长环境 栖息于山地、丘陵、旷野、草原、河流、沼泽与湖泊沿岸地带。

摄影 / 李利伟

鹮嘴鹬 *Ibidorhyncha struthersii*

鸻形目 Charadriiformes
鹮嘴鹬科 Ibidorhynchidae

保护级别 国家二级重点保护野生动物。

形态特征 体大的灰色、黑色及白色鹬。腿及喙呈红色,喙长且下弯。一道黑白色的横带将其灰色的上胸与白色的下部隔开,翼下呈白色,翼上中心具有大片白色斑。幼鸟上体有淡黄色鳞状纹,黑色斑纹不甚清楚,腿及喙近粉色。虹膜呈褐色。

习　　性 常单独或成3~5只小群活动,主要以蝗虫、甲壳虫及蛾蝶幼虫等昆虫为食。

生长环境 为贡嘎山留鸟,栖息于山区水清澈、河床多大卵石、水流速快的河流沿岸。

摄影 / 黄科

楔尾绿鸠 *Treron sphenurus*

鸽形目 Columbiformes
鸠鸽科 Columbidae

保护级别 国家二级重点保护野生动物。

形态特征 中型鸟类。雄鸟头呈绿色，头顶和胸部呈橙黄色，上背呈紫灰色；翼覆羽呈紫栗色，其余翼羽及尾呈深绿色，大覆羽及飞羽羽缘呈黄色；臀呈淡黄色且具有深色纵纹；两胁边缘呈黄色；尾下覆羽呈棕黄色。雌鸟通体呈绿色，尾下羽及臀呈浅黄色且具有大块深色斑。

习　　性 常成对或成群活动，主要以树木和其他植物的果实与种子为食。

生长环境 为贡嘎山夏候鸟，栖息于海拔2600米的针阔叶混交林中。

摄影 / 周华明

大紫胸鹦鹉 *Psittacula derbiana*

鹦形目 Psittaciformes
鹦鹉科 Psittacidae

保护级别 国家二级重点保护野生动物。

形态特征 中型鸟类。头、胸呈紫蓝灰色，长有黑色髭纹。雄鸟眼部周围及额头呈淡绿色，上喙呈红色，下喙呈黑色。雌鸟喙全黑，前顶冠无蓝色，中央尾羽为蓝色。虹膜呈黄色，脚呈灰色。

习　　性 常集小群或成群活动，具有植食性，主要以坚果、浆果、玉米、稻谷等为食。

生长环境 为贡嘎山留鸟，发现于东经101.57793°、北纬29.25995°、海拔3720米的烂泥巴沟，栖息于海拔3720~4189米的亚高山针叶林。

摄影 / 李利伟

领角鸮 *Otus lettia*

鸮形目 Strigiformes
鸱鸮科 Strigidae

保护级别 国家二级重点保护野生动物。

形态特征 小型鸮类。具有明显的耳羽簇及特征性的浅沙色颈圈。上体偏灰或呈沙褐色，多有黑色及淡黄色的杂纹或斑块，下体呈淡黄色且具有黑色条纹。虹膜呈深褐色，喙呈黄色，脚呈灰黄色。

习　　性 常单独活动，主要以鼠类和昆虫为食。

生长环境 为贡嘎山夏候鸟，栖息于阔叶林带。

摄影 / 黄科

红角鸮 *Otus sunia*

鸮形目 Strigiformes
鸱鸮科 Strigidae

保护级别　国家二级重点保护野生动物。

形态特征　小型鸮类。全身呈灰褐色，眼呈黄色，区别于领角鸮的深褐色（指眼），其胸部布满黑色条纹，条纹下体多而上体少，分布区不重叠，有灰色型和棕色型之分。虹膜呈橙黄色，喙呈黑灰色，脚偏灰色。

习　　性　常单独活动，主要以昆虫为食，兼食小型脊椎动物。

生长环境　栖息于山地至平原的阔叶林和针阔叶混交林中。

摄影 / 王斌

雕鸮 *Bubo bubo*

鸮形目 Strigiformes
鸱鸮科 Strigidae

保护级别 国家二级重点保护野生动物。

形态特征 体大，耳簇羽长，眼呈橘黄色，大而圆。颏至前胸呈白色且少纹，胸部呈黄色，多有深褐色纵纹且每片羽毛都有褐色横斑。体羽褐色斑驳，脚被羽至趾。虹膜呈橙黄色，喙呈灰色，脚呈黄色。

习　　性 常单独活动，主要以各种鼠类为食。

生长环境 栖息于山地森林、平原、荒野、林缘灌丛、疏林，以及裸露的高山和峭壁等各类环境中。

摄影 / 唐军

灰林鸮 *Strix aluco*

鸮形目 Strigiformes
鸱鸮科 Strigidae

保护级别　国家二级重点保护野生动物。

形态特征　中型鸮类。头圆，无耳羽簇，面盘明显、呈橙棕色，羽端呈黑色且具有白色羽干纹，前额呈黑褐色，头顶和后颈呈黑色，羽缘具有大的橙棕色斑。下身呈淡黄色且有黑褐色的条纹，上身呈褐色或灰色。虹膜呈深褐色，喙呈黄色，脚呈黄色。

习　　性　常成对或单独活动，主要以小型脊椎动物为食。

生长环境　为贡嘎山夏候鸟，栖息于阔叶林、针阔叶混交林和针叶林中。

摄影 / 李斌

领鸺鹠 *Glaucidium brodiei*

鸮形目 Strigiformes
鸱鸮科 Strigidae

保护级别 国家二级重点保护野生动物。

形态特征 小型鸮类。面盘不显著，没有耳羽簇。上体为灰褐色且具有浅橙黄色的横斑，后颈有显著的浅黄色领斑，两侧各有一个黑斑，特征较为明显。虹膜呈黄色，喙呈黄绿色，脚呈灰色。

习　　性 常单独活动，主要以昆虫和鼠类为食。

生长环境 为贡嘎山留鸟，栖息于阔叶林、针阔叶混交林带。

摄影 / 巫嘉伟

斑头鸺鹠 *Glaucidium cuculoides*

鸮形目 Strigiformes
鸱鸮科 Strigidae

保护级别　国家二级重点保护野生动物。

形态特征　无耳羽簇；上体呈棕栗色且具有赭色横斑，沿肩部有一道白色线条将上体颜色断开；下体为全褐色，也具有赭色横斑；臀部呈白色，两胁呈栗色；白色的颏纹明显，下线为褐色和淡黄色。尾羽上有6道鲜明的白色横纹，端部有白缘。虹膜呈黄褐色，喙偏绿色且端部呈黄色，脚呈绿黄色。

习　　性　单独或成对活动，主要以鼠、小鸟和昆虫为食，兼食鱼、蛙、蛇等。

生长环境　为贡嘎山留鸟，栖息于阔叶林、针阔叶混交林、次生林和林缘灌丛，以及村寨和耕地附近的疏林。

摄影 / 黄科

三趾啄木鸟 *Picoides tridactylus*

䴕形目 Piciformes
啄木鸟科 Picidae

保护级别 国家二级重点保护野生动物。

形态特征 雄鸟体羽主要为黑色,具有白斑;头顶呈黑绿色,羽缘缀以金黄色。后颈、背、腰、翼端部呈黑色,具有白斑。下体除颏、喉呈浅灰色外,均缀有白点。尾羽呈黑色。雌鸟头顶呈黑色,羽端缀以白色,形成斑杂状。足仅有三趾。虹膜呈褐色,喙呈黑色,脚呈灰色。

习　　性 常单个或成对活动,主要以昆虫为食。

生长环境 为贡嘎山留鸟,栖息于针叶林。

摄影 / 巫嘉伟

白眉山雀 *Poecile superciliosus*

雀形目 Passeriformes
山雀科 Paridae

保护级别 国家二级重点保护野生动物。

形态特征 小型鸟类。头顶及胸兜呈黑色；前额的白色后延形成显著的白色长眉纹；头侧、两胁及腹部呈黄褐色；臀呈淡黄色；上体呈深灰沾橄榄色。虹膜呈褐色，喙呈黑色，脚呈黑色。

习　　性 结小群活动，主要以昆虫为食，兼食少量植物果实和种子。

生长环境 为贡嘎山留鸟，栖息于高原和高山针叶林、针阔叶混交林和高山灌丛带。

摄影 / 巫嘉伟

红腹山雀 *Poecile davidi*

雀形目 Passeriformes
山雀科 Paridae

保护级别　国家二级重点保护野生动物。

形态特征　小型鸟类。头顶及喉部呈黑色，脸颊呈白色，上体呈橄榄灰色，下体呈棕红色。虹膜呈深褐色，喙呈黑色，脚呈铅灰色。

习　　性　结小群活动，主要以昆虫为食，兼食少量植物性食物。

生长环境　为贡嘎山留鸟，栖息于高山针叶林和针阔叶混交林。

摄影 / 巫嘉伟

棕噪鹛 *Garrulax berthemyi*

雀形目 Passeriformes
噪鹛科 Leiothrichidae

保护级别　国家二级重点保护野生动物。

形态特征　眼先和颏呈黑色，眼后具有蓝色裸皮，头、上背、喉及上胸呈棕黄色，两翼和尾羽呈棕红色，下胸和腹部呈浅灰色，尾下覆羽和臀羽呈纯白色。虹膜呈黑褐色，喙呈灰黄色，脚呈铅褐色。

习　　性　常单独或成小群活动，主要以昆虫为食，兼食植物果实、种子和草籽。

生长环境　栖息于山区原始阔叶林的林下植被及竹林层。

摄影 / 黄耀华

眼纹噪鹛 *Garrulax ocellatus*

雀形目 Passeriformes
噪鹛科 Leiothrichidae

保护级别 国家二级重点保护野生动物。

形态特征 头、颈呈黑色，脸、眉纹和颏呈茶黄色，上体呈棕褐色并杂以白色、黑色和淡黄色斑点，飞羽具有白色端斑，尾具有白色端斑和黑色亚端斑。喉呈黑色，胸呈棕黄色且具有黑色横斑。虹膜呈黄色，喙呈黑褐色，脚呈黄色。

习　　性 常成对或成小群活动，主要以昆虫为食，兼食植物果实。

生长环境 栖息于中高海拔的落叶阔叶林、针阔叶混交林及针叶林。

摄影 / 巫嘉伟

大噪鹛 *Garrulax maximus*

雀形目 Passeriformes
噪鹛科 Leiothrichidae

保护级别　国家二级重点保护野生动物。

形态特征　中型鸟类。尾长，额至头顶呈深灰褐色，头侧及颏呈栗色。背羽次端黑而端白，因此在栗色的背上形成点斑。两翼及尾部斑纹与眼纹噪鹛类似，与眼纹噪鹛的区别在于大噪鹛体形更大、尾更长，且喉为棕色。虹膜呈黄色，喙呈黑褐色，脚呈粉红色。

习　　性　常成群活动，主要以多种昆虫为食。

生长环境　为贡嘎山留鸟，栖息于海拔3000～3720米的亚高山针叶林林缘和高山灌丛地带。

摄影／巫嘉伟

画眉 *Garrulax canorus*

雀形目 Passeriformes
噪鹛科 Leiothrichidae

保护级别 国家二级重点保护野生动物。

形态特征 通体呈棕褐色且具有黑色细纵纹，头顶纵纹明显，具有白色眼圈且在眼后形成眼纹并延长至耳部，眼周有少量浅蓝色裸皮，下腹呈灰白色。虹膜呈浅黄褐色，上喙呈灰色，下喙呈牙黄色，脚呈粉褐色。

习　　性 喜欢单独生活，秋冬结集小群活动。具有杂食性，主要取食昆虫，兼食草籽、野果。

生长环境 栖息于山丘灌丛和村落附近。

摄影 / 黄科

橙翅噪鹛 *Trochalopteron elliotii*

雀形目 Passeriformes
噪鹛科 Leiothrichidae

保护级别 国家二级重点保护野生动物。

形态特征 中型鸟类。全身大致呈灰褐色，上背及胸羽因具有暗褐色及偏白色羽缘而呈鳞状斑纹。脸色较深。臀及下腹部呈黄褐色。初级飞羽基部的羽缘偏黄、羽端呈蓝灰色，因而形成拢翼上的斑纹。尾羽呈灰色且有白色端斑，羽外侧偏黄。虹膜呈黄色，喙呈黑色，脚呈棕褐色。

习　　性 结小群活动，具有杂食性，主要以昆虫、植物果实和种子为食。

生长环境 为贡嘎山留鸟，栖息于海拔1500～4124米的阔叶林、针阔叶混交林、针叶林林缘和高山灌丛带。

摄影 / 巫嘉伟

红嘴相思鸟 *Leiothrix lutea*

雀形目 Passeriformes
噪鹛科 Leiothrichidae

保护级别 国家二级重点保护野生动物。

形态特征 前额和头顶呈橄榄绿色；背和肩羽呈灰绿色；喉部呈黄色，胸呈橙黄色；腹呈淡黄白色；翅和尾羽呈黑色，飞羽外缘呈黄色和红色，形成翅斑；尾端呈浅叉状，外侧尾羽最长且稍曲；尾上覆羽较长，呈灰绿褐色，具有白色端缘；尾下覆羽呈浅黄色。虹膜呈黑褐色，喙呈鲜红色，脚呈粉褐色。

习　　性 结小群活动，主要以毛虫等昆虫为食，兼食植物果实、种子等。

生长环境 为贡嘎山留鸟，栖息于海拔1363～2150米的常绿阔叶林、常绿落叶混交林、竹林和林缘疏林灌丛地带。

摄影 / 巫嘉伟

宝兴鹛雀 *Moupinia poecilotis*

雀形目 Passeriformes
莺鹛科 Sylviidae

保护级别 国家二级重点保护野生动物。

形态特征 中型鸟类。栗褐色尾略长且凸。上体呈棕褐色，眉纹呈灰白色，髭纹呈黑白色。喉呈白色，胸中心呈淡黄色；两胁及臀呈黄褐色，翼及尾呈栗色。虹膜呈褐色，喙呈褐色，脚呈浅褐色。

习　　性 单独或成对活动，主要以昆虫为食。

生长环境 栖息于中高海拔山地的森林林缘灌丛和竹林。

摄影 / 巫嘉伟

金胸雀鹛 *Lioparus chrysotis*

雀形目 Passeriformes
莺鹛科 Sylviidae

保护级别　国家二级重点保护野生动物。

形态特征　下体呈黄色，喉呈黑色；头偏黑，耳羽呈灰白色，白色的顶纹延伸
　　　　　　　至上背。上体呈橄榄灰色。两翼及尾近黑，飞羽及尾羽有黄色羽
　　　　　　　缘，三级飞羽羽端为白色。虹膜呈黑色，喙呈灰蓝色，脚呈粉色。

习　　性　结小群活动，主要以昆虫为食。

生长环境　栖息于常绿和落叶阔叶林、针阔叶混交林和针叶林下的灌丛及竹林。

摄影 / 贡嘎山管理局

四川旋木雀 *Certhia tianquanensis*

雀形目 Passeriformes
旋木雀科 Certhiidae

保护级别 国家二级重点保护野生动物。

形态特征 体形较小，体羽与旋木雀类似，但四川旋木雀的喙更短，仅略微下弯，额和喉呈白色，胸腹部和两肋呈灰色，不同于旋木雀的白色。虹膜呈黑褐色，上喙呈黑色，下喙基部呈粉白色，脚呈黄褐色。

习　　性 常单独活动，主要以昆虫和虫卵为食。

生长环境 栖息于中高海拔山地的针阔叶混交林和针叶林。

摄影 / 黄科

红喉歌鸲 *Calliope calliope*

雀形目 Passeriformes
鹟科 Muscicapidae

保护级别 国家二级重点保护野生动物。

形态特征 又名红点颏。中等体形，具有醒目的白色眉纹和颊纹，尾呈褐色，两肋呈淡黄色，腹部呈淡黄白色。雌鸟胸带近褐色，头部具有独特的黑白色条纹。成年雄鸟的特征为喉呈红色。虹膜呈褐色，喙呈深褐色，脚粉褐色。

习　　性 单独或成对活动，主要以昆虫为食。

生长环境 栖息于近溪流的疏林、灌丛和芦苇。

摄影 / 杨楠

蓝喉歌鸲 *Luscinia svecica*

雀形目 Passeriformes
鹟科 Muscicapidae

保护级别　国家二级重点保护野生动物。

形态特征　又名蓝点颏。中等体形，雄鸟喉部具有栗色、蓝色及黑白色图纹，眉纹近白，外侧尾羽基部的棕色于飞行时可见。上体呈灰褐色，下体呈白色，尾呈深褐色。雌鸟喉部为棕白色，黑色的细颊纹与由黑色点斑组成的胸带相连。虹膜呈深褐色，喙呈深褐色，脚呈粉褐色。

习　　性　主要以昆虫、蠕虫等为食，兼食植物种子等。

生长环境　栖息于灌丛或芦苇丛。

摄影 / 何屹

黑喉歌鸲 *Calliope obscura*

雀形目 Passeriformes
鹟科 Muscicapidae

保护级别 国家二级重点保护野生动物。

形态特征 雄鸟腹部呈黄白色，尾基部有白色闪斑；头顶、背、两翼及腰呈青石蓝色；脸、胸、尾上覆羽、尾中心及尾端均为黑色。雌鸟上体呈深橄榄褐色，下体呈淡黄色。虹膜呈深灰色，喙呈黑色，脚呈粉灰色。

习　　性 主要以昆虫为食。

生长环境 栖息于阔叶林灌丛或针叶林、竹丛。

摄影 / 巫嘉伟

金胸歌鸲 *Calliope pectardens*

雀形目 Passeriformes
鹟科 Muscicapidae

保护级别 国家二级重点保护野生动物。

形态特征 雄鸟腹部呈灰白色，胸及喉呈鲜艳的橙红色，颈侧具有苍白色块斑。上体呈青石板灰褐色，两翼及尾呈黑褐色，头侧及颈呈黑色。尾基部具有白色闪斑。雌鸟上体呈褐色，尾无白色闪斑，下体呈赭黄色，腹中心为白色。虹膜呈深褐色，喙呈黑色，脚呈粉褐色。

习　　性 单独或成对活动，主要以昆虫为食。

生长环境 为贡嘎山夏候鸟，栖息于茂密灌丛及竹林。

摄影 / 巫嘉伟

棕腹大仙鹟 *Niltava davidi*

雀形目 Passeriformes
鹟科 Muscicapidae

保护级别 国家二级重点保护野生动物。

形态特征 雄鸟上体呈深蓝色，下体呈棕色，脸呈黑色，额、颈侧小块斑、翼角及腰部呈钴蓝色或绀青蓝色。雌鸟上体呈灰褐色，尾及两翼呈棕褐色，喉上具有白色块斑，颈侧具有钴蓝色小块斑。虹膜呈褐色，喙呈黑色，脚呈黑色。

习　　性 单独或成对活动，主要以昆虫为食。

生长环境 为贡嘎山留鸟，栖息于山地常绿阔叶林、落叶阔叶林和针阔叶混交林。

摄影 / 巫嘉伟

红交嘴雀 *Loxia curvirostra*

雀形目 Passeriformes
燕雀科 Fringillidae

保护级别 国家二级重点保护野生动物。

形态特征 雄鸟通体呈砖红色，上体颜色较暗，腰呈鲜红色；翼和尾近黑色，头侧呈暗褐色。雌鸟上体呈暗橄榄绿或染灰色，腰部呈亮黄绿色；头侧呈灰色。两性均有粗大且尖端相交叉的喙。虹膜呈深褐色，喙近黑色，脚近黑色。

习　　性 喜集群，主要以针叶树种子为食，尤其喜欢吃落叶松子。

生长环境 栖息于山地针叶林和以针叶林为主的针阔叶混交林。

摄影 / 杨楠

蓝鹀 *Emberiza siemsseni*

雀形目 Passeriformes
鹀科 Emberizidae

保护级别 国家二级重点保护野生动物。

形态特征 小型鸣禽。雄鸟通体为石蓝灰色，仅腹部、臀及尾外缘为白色，三级飞羽近黑色。雌鸟通体为暗褐色且无纵纹，具有两道锈色翼斑，腰部呈灰色，头及胸呈棕色。虹膜呈深褐色，喙呈黑色，脚偏粉色。

习　性 多单独活动，主要以鞘翅目昆虫和杂草种子等为食。

生长环境 栖息于次生林及灌丛。

摄影 / 巫嘉伟

05

MAMMALIA
哺乳纲

贡嘎山保护区内有哺乳纲3目21科68种，包括国家重点保护野生动物29种，其中国家一级重点保护野生动物10种，如大熊猫、金钱豹、雪豹和四川羚牛等；国家二级重点保护野生动物19种，如藏酋猴、猕猴、小熊猫、黑熊、水獭、中华鬣羚和中华斑羚等。

哺乳动物结构图

STRUCTURE OF MAMMALS

雪 豹

Panthera uncia

国家一级重点保护野生动物

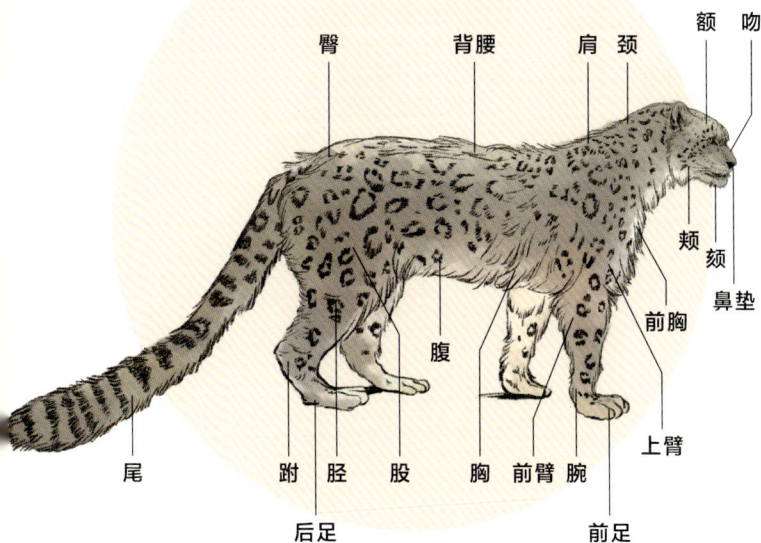

额　吻

臀　　　背腰　　　肩　颈

颊

颏

鼻垫

腹

前胸

前足

上臂

尾　　　跗　胫　股　　胸　前臂　腕

后足

大熊猫

Ailuropoda melanoleuca

国家一级重点保护野生动物

小熊猫

Ailurus fulgens

国家二级重点保护野生动物

藏酋猴

Macaca thibetana

国家二级重点保护野生动物

大熊猫 *Ailuropoda melanoleuca*

食肉目 Carnivora

大熊猫科 Ailuropodidae

保护级别 国家一级重点保护野生动物。

形态特征 体形肥硕似熊、丰腴富态，头圆尾短。全身具有黑白两色。双耳、眼周及四肢均呈黑色，头部和身体毛色黑白相间，但黑非纯黑，白也不是纯白，而是黑中透褐，白中带黄。腹部呈灰白或暗棕色。毛粗且有光泽，绒毛厚密。

习　　性 独栖，主要以竹叶、竹笋及竹茎为食，偶尔兼食一些动物的尸体或其他植物。

生长环境 在贡嘎山发现于泸定县的湾东村和石棉县的新民乡、草科乡的大鲵沟，栖息于阔叶林、针阔叶混交林和针叶林的林下竹林。

摄影 / 巫嘉伟

金钱豹 *Panthera pardus*

食肉目 Carnivora
猫科 Felidae

保护级别 国家一级重点保护野生动物。

形态特征 外形似虎，个头较小。头圆、耳短，四肢粗壮。上体呈棕黄色，胸腹呈白色，通体散布大小不一的黑褐色斑点和铜钱状黑环。

习　　性 独栖，主要以野兔、野猪、雉鸡及各种小兽、小鸟为食，也猎杀鹿类等大中型有蹄动物。

生长环境 可栖息于多种生境，主要活动于海拔2000～3000米的山地森林。

摄影 / 贡嘎山管理局

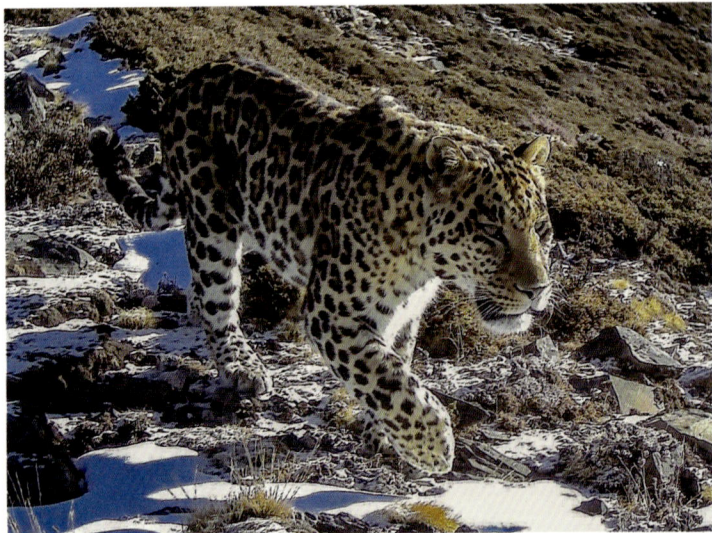

雪豹 *Panthera uncia*

食肉目 Carnivora
猫科 Felidae

保护级别 国家一级重点保护野生动物。

形态特征 形似金钱豹，身体细长，头小而圆，四肢较短，尾粗长且尾毛蓬松。周身长着细软厚密的白毛，上面分布着许多不规则的黑色圆环。

习　　性 雌雄同栖，主要以岩羊、白唇鹿、藏原羚和高原兔等啮齿动物为食，有时（特别是冬季）也偷袭家畜。

生长环境 终年生活在雪线附近，常栖息于海拔2500～5000米的高山上。

摄影 / 贡嘎山管理局

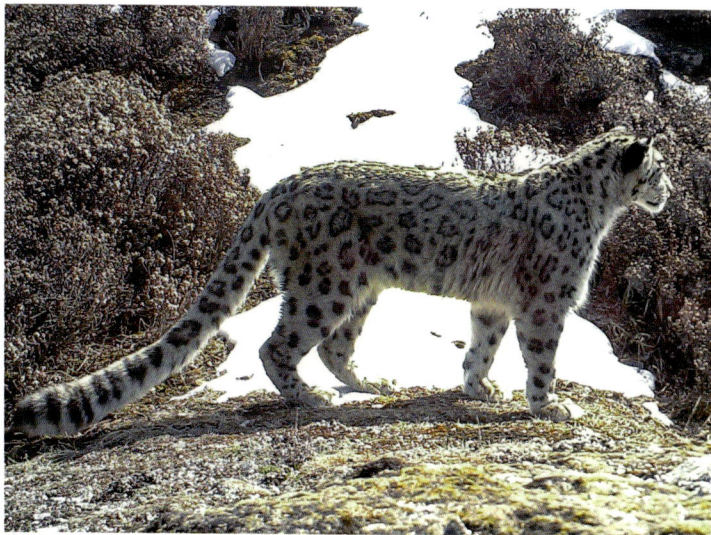

金猫 *Pardofelis temminckii*

食肉目 Carnivora
猫科 Felidae

保护级别 国家一级重点保护野生动物。

形态特征 中型猫类。两眼内角均有白色或黄白色的宽条纹，条纹至头顶转为红棕色，红棕色纹两侧各有细黑纹伴衬。面颊两侧有白色和黑色相间的条纹，四肢上部有斑点。体色多样，主要有红棕色、麻黑色和灰棕色。

习　　性 独栖，主要以各种体形较大的啮齿动物为食，兼食地面较大的雉科鸟类、野兔等动物。

生长环境 栖息于常绿阔叶林、落叶阔叶混交林、针阔叶混交林和针叶林带。

摄影 / 肖飞

荒漠猫 *Felis bieti*

食肉目 Carnivora

猫科 Felidae

保护级别 国家一级重点保护野生动物。

形态特征 体背和四肢呈浅黄灰色，背中部呈红棕色。全身无明显条纹，臀部和前肢内侧有数条细而不明显的暗纹。冬毛的背面布满褐黑色长针毛。四肢掌面均有黑褐色、粗密的长毛。头部耳尖有短簇毛，颊部有两条横纹。尾与体色相同，末端具有数条暗纹，尾尖呈黑色。

习　　性 独栖，主要以鼠兔和鼠类为食。

生长环境 栖息于高山稀树林、灌丛和草原。

摄影 / 巫嘉伟

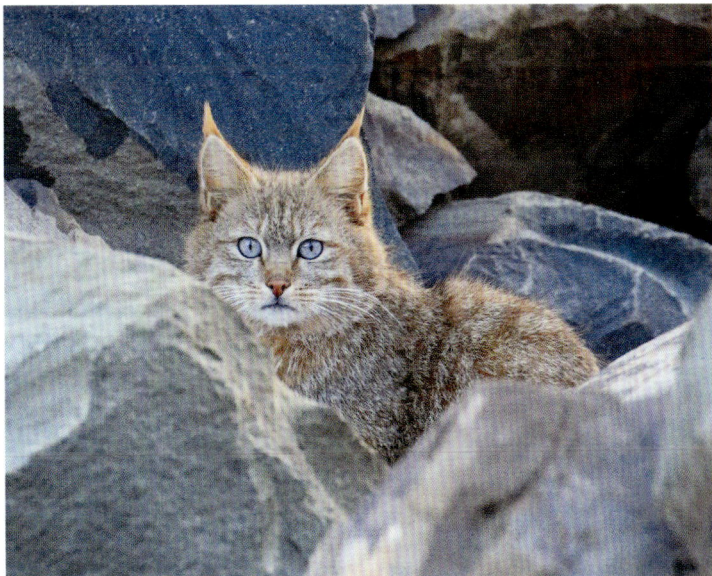

林麝 *Moschus berezovskii*

偶蹄目 Artiodactyla
麝科 Moschidae

保护级别 国家一级重点保护野生动物。

形态特征 成体全身毛色为暗褐色，没有斑点；臀部毛色近黑色，颈下纹明显，耳背端毛色为褐色。尾短，隐于毛丛中，不外裸露。雌、雄麝都不长角，雄麝具有香囊。

习　　性 独栖，主要以多种植物的嫩枝叶、幼芽等为食，喜食苔藓、地衣和松萝。

生长环境 在贡嘎山发现于东经101.9192°、北纬29.37228°、海拔2960米的石棉县仁宗海，栖息于高山阔叶林、针阔叶混交林和针叶林中。

摄影 / 巫嘉伟

马麝 *Moschus chrysogaster*

偶蹄目 Artiodactyla
麝科 Moschidae

保护级别 国家一级重点保护野生动物。

形态特征 麝属中体形最大的一种麝。头部狭长，吻部细长，雄性有发达的獠牙裸于唇外且尾短而粗。全身呈沙黄淡褐色。成体背面有隐约可见的斑点，颈下侧有黄棕色纵纹，臀与背颜色一致。

习　　性 独栖，主要以山柳、杜鹃、珠芽蓼等植物的叶、茎、花和种子为食。

生长环境 主要栖息于海拔2000～4500米的高山草甸、灌丛或林缘裸岩山地，所到之处最高海拔为5050米。

摄影 / 周华明

四川羚牛 *Budorcas tibetanus*

偶蹄目 Artiodactyla
牛科 Bovidae

保护级别　国家一级重点保护野生动物。

形态特征　体大而粗壮，四肢强健，尾短。雌雄均具有由上向后弯转扭曲的角。鼻面部隆起、呈黑色，颈部毛较绒长，全身为灰褐色，背中具有灰黑色脊纹。

习　　性　群栖，主要以枝叶、竹叶、青草及籽实等为食。

生长环境　栖息于阔叶林至高山针叶林带，栖息地海拔高度随着季节而变化。

摄影 / 巫嘉伟

藏酋猴 *Macaca thibetana*

灵长目 Primates
猴科 Cercopithecidae

保护级别 国家二级重点保护野生动物。

形态特征 猕猴属中最大的一种猴。身体粗壮，尾较短、不及后脚之长，具有颊囊。背毛为棕褐色，胸部为浅灰色，腹毛为淡黄色。

习　　性 群栖，主要以植物性食物为食，兼食昆虫和小鸟。

生长环境 在贡嘎山发现于东经102.0246°～102.13252°、北纬29.21389°～29.58907°、海拔1803～3037米的油房沟、唐家沟、蔡园沟、海螺沟和龚家沟处，栖息于中低山常绿阔叶林和落叶阔叶混交林带。

摄影／巫嘉伟

猕猴 *Macaca mulatta*

灵长目 Primates
猴科 Cercopithecidae

保护级别　国家二级重点保护野生动物。

形态特征　个体稍小，尾较长，具有颊囊，臀胝发达并呈肉红色。体毛大部分为棕黄色，腹部呈浅灰色。

习　　性　群栖，主要以野果、野菜、植物叶和芽、庄稼果实、小鸟和昆虫等为食。

生长环境　在贡嘎山发现于石棉县，栖息于阔叶林、针阔叶混交林、稀树林、山地和悬崖等环境。

摄影 / 巫嘉伟

赤狐 *Vulpes vulpes*

食肉目 Carnivora
犬科 Canidae

保护级别 国家二级重点保护野生动物。

形态特征 体形细长，四肢短，吻尖长，耳尖直立，尾毛长而蓬松，尾长超过体长的一半。背毛为红棕色或棕黄色，杂有灰白色毛尖，腹毛为灰白色。

习　　性 单只或成对活动，主要以各种鼠类、野禽、鸟卵、昆虫和无脊椎动物为食，兼食浆果、鼬科动物等，偶尔盗食家禽。

生长环境 栖息于海拔2000~5000米的森林、灌丛及草甸。

摄影 / 邹滔

狼 *Canis lupus*

食肉目 Carnivora
犬科 Canidae

保护级别 国家二级重点保护野生动物。

形态特征 外形与家犬相似，吻略尖。耳直竖，尾较短、蓬松而不弯卷。头部及体背毛多为棕黄色、沙黄色或黄褐色，腹部为灰白色。

习   性 独栖或成对同栖，主要以中小型有蹄动物和啮齿动物为食，也盗食家畜和家禽。

生长环境 栖息于海拔5400米以下的山地丘陵、森林、草原、平原、荒漠和冻原等多种环境。

摄影 / 巫嘉伟

黑熊 *Ursus thibetanus*

食肉目 Carnivora
熊科 Ursidae

保护级别 国家二级重点保护野生动物。

形态特征 身体肥大，头宽，吻部略短。耳被长毛，颈侧毛尤长。尾甚短，四肢粗壮。全身呈黑色，略带光泽，面部毛色接近棕黄色，下颏呈白色，胸部有一明显的新月形白斑。

习　　性 白天单独活动，具有冬眠习性。食性杂，主要以植物的幼叶、嫩芽、果实及种子为食，兼食昆虫、鸟卵和小型兽类。

生长环境 在康定市、泸定县、九龙县和石棉县范围内都有分布，栖息于阔叶林、针阔叶混交林和针叶林带。

摄影 / 杨楠

小熊猫 *Ailurus fulgens*

食肉目 Carnivora
小熊猫科 Ailuridae

保护级别 国家二级重点保护野生动物。

形态特征 体形似熊，头部像猫。体毛为棕黄色和黑褐色。尾长超过体长的一半，且尾部具有棕红、沙白相间的九个环纹。

习　　性 成对或单独活动，除少量采食野果外，主要以竹叶和竹笋为食。

生长环境 在贡嘎山发现于东经101.91697°～102.02498°、北纬29.21389°～29.36843°、海拔2573～2996米的康定市、石棉县和九龙县，栖息于阔叶林、针阔叶混交林、针叶林和竹林。

摄影 / 巫嘉伟

黄喉貂 *Martes flavigula*

食肉目 Carnivora
鼬科 Mustelidae

保护级别 国家二级重点保护野生动物。

形态特征 躯体较细长，头和尾均呈黑褐色。体背前半部呈棕黄色，后半部呈黄褐色；喉、胸部腹面呈鲜橙黄色，腹毛为灰白色；四肢呈棕褐色。尾长超过体长的一半。

习　　性 多数成对活动，主要以啮齿动物、鸟、鸟卵、昆虫及野果为食，酷爱食蜂蜜，有时也攻击羔羊及鹿科动物幼崽。

生长环境 在贡嘎山发现于东经101.88748°、北纬29.44789°、海拔2937米的巴旺海，栖息于山地森林或丘陵地带。

摄影 / 王昌大

水獭 *Lutra lutra*

食肉目 Carnivora
鼬科 Mustelidae

保护级别 国家二级重点保护野生动物。

形态特征 体形细长。四肢短而圆，趾间有蹼。头部扁而略宽。全身毛短且密，具有丝绢光泽。体背和尾部呈棕黑色或咖啡色，喉部、颈下和胸部毛色较淡，略带灰色。腹面毛长，呈浅棕色。

习　　性 常独居，主要以鱼为食，兼食蟹、蛙、蛇、水禽等各种小型动物。

生长环境 半水栖，偶有栖息于竹林、草灌丛。

摄影 / 黄科

斑林狸 *Prionodon pardicolor*

食肉目 Carnivora
林狸科 Prionodontidae

保护级别　国家二级重点保护野生动物。

形态特征　体形最小的灵猫科动物。体形修长，颈长、吻尖，四肢短小。体毛短密而绒软，体背以淡褐色或棕褐色为基色，全身布有大小不等的黑色斑点，从颈背到肩部有两条黑褐色条纹，下体呈乳白色，尾部具有8~10个黑黄相间的环纹。

习　　性　夜行性单独活动，主要以小鸟、鼠类、蛙类和昆虫为食，有时盗食家禽。

生长环境　栖息于海拔2000米左右的阔叶林或灌丛。

摄影 / 巫嘉伟

豹猫 *Prionailurus bengalensis*

食肉目 Carnivora
猫科 Felidae

保护级别 国家二级重点保护野生动物。

形态特征 猫科动物中体形较小的食肉类动物，体形比家猫略大。体背、腹面、四肢具有纵行斑点，腰及臀部斑点较小而多。背毛呈土黄色，腹毛较淡、近于白色，具有灰色毛基。

习　　性 独栖或雌雄同居，主要以鸟类和鼠类为食，有时也盗食家禽。

生长环境 在贡嘎山发现于东经101.33488°～102.13784°、北纬29.21495°～29.6891°、海拔1534～3323米的康定市、泸定县和石棉县，栖息于中低山阔叶林、针阔叶混交林、旷野草丛和灌丛带。

摄影／巫嘉伟

兔狲 *Otocolobus manul*

食肉目 Carnivora

猫科 Felidae

保护级别 国家二级重点保护野生动物。

形态特征 大小似家猫。额部较宽，耳短而圆钝，两耳间距较大，全身被毛长而柔软，腹毛比背毛长约1倍，绒毛厚密。颊部具有2条黑色细纹，体背呈棕灰色或沙黄色，腹部呈白色，尾部具有6~8个黑色环纹。

习　性 独栖，主要以鼠类为食，兼食野兔、鸟及鸟卵等。

生长环境 栖息于荒漠、半荒漠地带或林中。

摄影 / 邹滔

猞猁 *Lynx lynx*

食肉目 Carnivora
猫科 Felidae

保护级别 国家二级重点保护野生动物。

形态特征 体形较大，身体粗壮，四肢较长，尾巴很短，脸颊部有长而下垂的毛，耳尖有黑色的笔状簇毛。体毛为粉棕色或灰褐色，体侧遍布不太明显的淡褐色斑点。

习　　性 独栖，主要以鼠类、野兔和鸟类为食，兼食野猪、野羊等中型兽类。

生长环境 栖息于海拔3000米以上的亚寒带针叶林、寒温带针阔叶混交林、高山裸岩地带或荒漠草原区。

摄影 / 邹滔

毛冠鹿 *Elaphodus cephalophus*

偶蹄目 Artiodactyla
鹿科 Cervidae

保护级别　国家二级重点保护野生动物。

形态特征　外形似麂。雄性有角，但角很短小，角冠不分叉。上犬齿长且大，稍向下弯，露出唇外。体毛为青灰色，尾背面呈黑色，腹面呈白色，额顶部有马蹄形黑色冠毛。

习　　性　独栖，主要以植物叶、芽和嫩枝为食，有时也盗食农作物。

生长环境　在贡嘎山发现于东经101.91877°～102.08066°、北纬29.0719°～29.40896°、海拔1950～3193米的石棉县、立在甫处，栖息于阔叶林、针阔叶混交林、针叶林、林下灌丛和竹灌丛等。

摄影 / 巫嘉伟

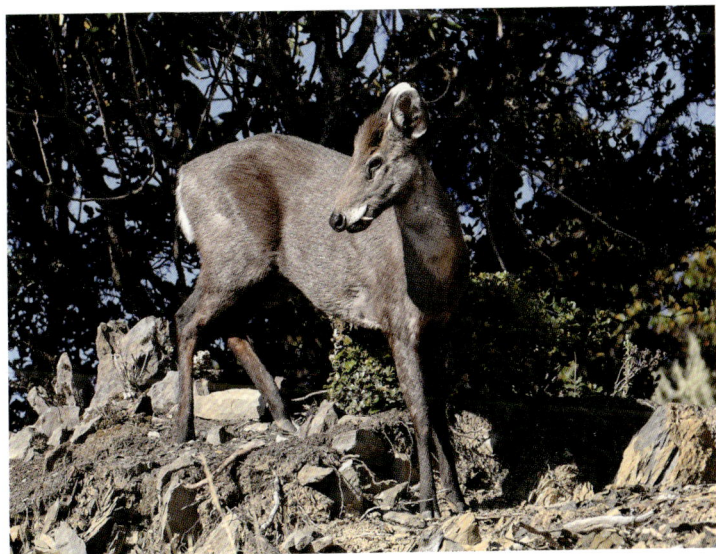

水鹿 *Cervus unicolor*

偶蹄目 Artiodactyla
鹿科 Cervidae

保护级别 国家二级重点保护野生动物。

形态特征 体形粗壮高大。雄鹿具有粗长的三叉角，眉枝与主干多成锐角。颈部沿背中线直达尾部的深棕色纵纹是水鹿的显著特征之一。体毛较粗硬，为黑棕色或栗棕色，尾部末端毛长而蓬松。

习　　性 群居，主要以青草、树叶和嫩枝为食。

生长环境 在贡嘎山发现于东经101.86966°、北纬29.34937°、海拔2928米的仁宗海，栖息于山区阔叶林、针阔叶混交林和针叶林带。

摄影 / 贡嘎山管理局

中华鬣羚 *Capricornis milneedwardsii*

偶蹄目 Artiodactyla
牛科 Bovidae

保护级别　国家二级重点保护野生动物。

形态特征　体形中等，尾较短。两性均具有平行后伸的圆形角，角端尖锐。体毛稀疏粗硬，躯体多呈棕黑色；颈背鬣毛长，呈黑褐色、灰白色；背中有黑褐色脊纹，唇周呈灰白色或黄白色。

习　　性　独栖或成对生活，主要以嫩枝叶、青草和野果等为食，尤喜食菌类。

生长环境　在贡嘎山发现于东经101.8419°～102.87045°、北纬29.0719°～29.46375°、海拔2036～3125米的石棉县、巴旺海、仁宗海、油房沟和洪坝乡等，栖息于针阔叶混交林和针叶林带，也栖息于裸岩、陡岩和乱石杂灌丛。

摄影 / 巫嘉伟

岩羊 *Pseudois nayaur*

偶蹄目 Artiodactyla
牛科 Bovidae

保护级别　国家二级重点保护野生动物。

形态特征　体形中等。两性均有角，其中雄羊角粗大而长，并向后上方弯曲。体背呈青灰褐色或褐黄灰色，体腹和四肢内侧呈白色，一般四肢前面及腹侧具有黑色纹。

习　　性　群居，主要以高山矮草和各种灌木、枝叶为食。

生长环境　在贡嘎山发现于东经101.3138°～102.0358°、北纬29.21583°～29.4819°，栖息于高山、高原和山谷间的草地。

摄影 / 贡嘎山管理局

中华斑羚 *Naemorhedus griseus*

偶蹄目 Artiodactyla
牛科 Bovidae

保护级别 国家二级重点保护野生动物。

形态特征 体形较小，四肢匀称，尾短，尾毛蓬松。雌雄均具有短且向后上方倾斜的角，角尖尖且细。喉部具有白斑，全身为一致的灰褐色或暗褐色，颈背至尾基有一条棕褐色脊纹。

习　　性 独栖或集小群活动，主要以嫩枝、树叶、野果和各种青草为食。

生长环境 在贡嘎山发现于东经102.0358°、北纬29.36928°、海拔2479米处和东经102.02569°、北纬29.21593°、海拔1962米处，活动与觅食都在树林中，喜在险峻峭壁或裸岩上栖身。

摄影 / 贡嘎山管理局

06

LYCOPSIDA

石松类植物

　　石松类植物是陆生维管植物中的一个特殊类群，代表高等植物的一种独立的演化路线。石松类植物具有根、茎、叶的分化，植物体是典型的两歧式分枝，孢子囊单生于叶腋或叶腹面近基处，有的种类聚集成疏松的孢子叶穗，孢子同型或异型。

　　石松类植物大约出现于早泥盆世（距今约4.19亿年~4.07亿年），中泥盆世遍及世界各大洲，石炭纪时期最为繁盛，是当时主要的造煤植物之一，中生代和新生代仅存少数属种。现仅存石松科、卷柏科、石杉科和水韭科四大类，1000余种。

　　贡嘎山保护区内有国家一级重点保护野生石松类植物1种，即高寒水韭；国家二级重点保护野生石松类植物6种，包括峨眉石杉和锡金石杉等。

石松类植物结构图

STRUCTURE OF LYCOPSIDAS

高寒水韭

Isoetes hypsophila

国家一级重点保护野生植物

单株

叶基
大孢子囊

峨眉石杉 *Huperzia emeiensis*

石松科 Lycopodiaceae
石杉属 *Huperzia*

保护级别

国家二级重点保护野生植物。

形态特征

多年生土生植物。茎直立或斜生。枝连叶，二至四回二叉分枝，枝上部常有很多芽孢。叶螺旋状排列，密生，反折，平伸或斜向上，线状披针形，基部与中部近等宽，近通直，基部截形，下延，无柄，先端渐尖，边缘平直不皱曲，全缘，两面光滑，无光泽，中脉不明显，草质。孢子叶与不育叶同形；孢子囊生于孢子叶的叶腋，外露或两端露出，肾形，黄色。

物候期

孢子期7～10月。

生长环境

在贡嘎山分布于泸定县的林下湿地、山谷河滩灌丛中、山坡沟边石上或树干。

摄影 / 张宪春

锡金石杉 *Huperzia herteriana*

石松科 Lycopodiaceae
石杉属 *Huperzia*

保护级别　国家二级重点保护野生植物。

形态特征　多年生土生植物。茎直立或斜生。枝连叶，二至四回二叉分枝，枝上部有芽孢。叶螺旋状排列，密生，反折，倒披针形，向基部变窄，通直，基部楔形，下延，无柄，先端尖或渐尖，边缘平直，先端有啮蚀状小齿或全缘，两面光滑，有光泽，中脉不明显，薄革质。孢子叶与不育叶同形；孢子囊生于孢子叶的叶腋，两端露出，肾形，黄色。

物 候 期　孢子期7～10月。

生长环境　在贡嘎山分布于泸定县海拔1600～3900米的林下阴湿处、苔藓丛中。

摄影 / 张树仁

高寒水韭 *Isoetes hypsophila*

水韭科 Isoetaceae
水韭属 *Isoetes*

保护级别 国家一级重点保护野生植物。

形态特征 多年生沼地生植物。植株高不足5厘米。根茎肉质，块状，呈2～3瓣裂。叶多汁，草质，线形，基部以上为鲜绿色。孢子囊单生于叶基部，黄色。大孢子为球状四面形，表面光滑无纹饰。

物候期 孢子期7～10月。

生长环境 在贡嘎山分布于九龙县海拔约4300米的高山草甸水浸处。

摄影 / 张树仁

07

FERN

蕨类植物

蕨类植物是植物界的一门，其根、茎、叶中具有真正的维管组织，以孢子繁殖。绝大多数蕨类植物的叶片下表面长有孢子囊，并聚集成各式各样的斑点或线条状的孢子囊群，初生时为绿色，成熟时为锈黄色；有的裸露，有的具有各种形状的盖。蕨类植物不开花结果，一般在外形上难以区别于种子植物。蕨类植物形体多样，包含从高不到5毫米的微小草本，到高达20米的乔木状植物。

贡嘎山保护区内有国家二级重点保护野生蕨类植物1种，即桫椤；贡嘎山特有野生蕨类7种，如莲座粉背蕨、康定岩蕨等。

蕨类植物结构图

STRUCTURE OF FERNS

孢子囊群

羽片

叶轴

初生的蕨叶

叶柄

茎

根

康定岩蕨

Woodsia kangdingensis

孢子

桫 椤

Alsophila spinulosa

国家二级重点保护野生植物

叶

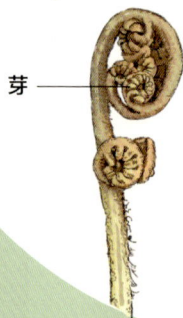

芽

孢子

桫椤 *Alsophila spinulosa*

桫椤科　Cyatheaceae
桫椤属　*Alsophila*

保护级别　国家二级重点保护野生植物。

形态特征　大型木本蕨类，茎干高达6米或更高。叶螺旋状排列于茎顶端，叶片大，长矩圆形，三回羽状深裂；羽片17～20对，互生；小羽片18～20对，披针形。叶脉在裂片上羽状分裂；叶纸质，干后为绿色。孢子囊群孢生于侧脉分叉处，靠近中脉，有隔丝，囊托突起；囊群盖呈球形，薄膜质，外侧开裂，易破，成熟时反折覆盖于主脉上面。

物　候　期　孢子期7～10月。

生长环境　在贡嘎山分布于石棉县的山地溪旁或疏林中。

摄影／张树仁

月芽铁线蕨 *Adiantum refractum*

凤尾蕨科 Pteridaceae
铁线蕨属 *Adiantum*

形态特征　植株高15～50厘米。根茎短，直立或斜生，密被鳞片。叶簇生；叶柄为栗黑色，有光泽，基部被鳞片；叶片长卵形或卵状披针形，二至三回羽状；羽片4～5对，小羽片4～5对，基部1对羽片呈长卵形或卵状三角形；叶干后纸质，下面呈灰绿色，两面无毛。孢子囊群每羽片3～4枚，生于裂片上缘宽弯缺刻内；囊群盖为长形或圆肾形，棕色，上缘平直或弯凹，膜质，全缘，宿存。

物候期　孢子期7～10月。

生长环境　在贡嘎山分布于林下、沟中的苔被岩石或阴湿的岩壁上。

摄影 / 张宪春

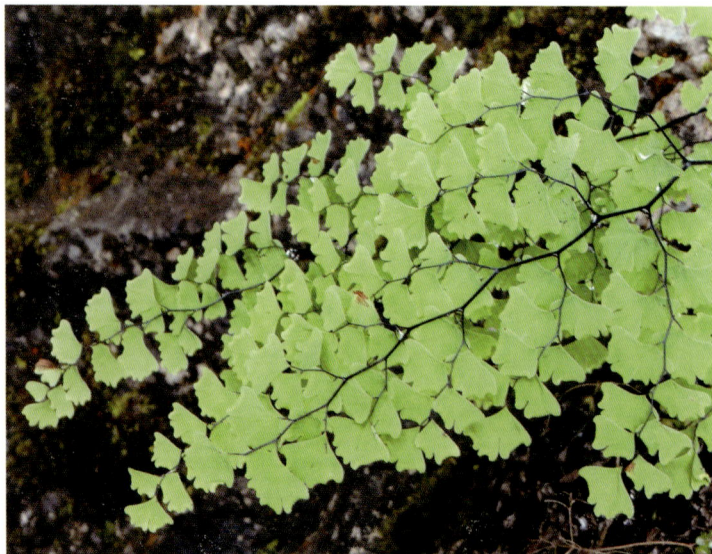

小叶中国蕨 *Aleuritopteris albofusca*

凤尾蕨科 Pteridaceae
粉背蕨属 *Aleuritopteris*

形态特征 植株高7～16厘米。根状茎短而直立，被栗黑色且有棕色狭边的披针形鳞片。叶簇生；叶柄为栗黑色或栗红色，有光泽，基部疏被狭卵状披针形鳞片，向上光滑；叶片五角形，三裂，中央羽片最大、近菱形，渐尖头，基部扩大成小耳状并楔形下延，与侧生羽片相连（少有分离），二回羽状深裂；小羽片4～5对，斜展，间隔窄，基部的1对羽片最大，呈线状披针形，先端钝或急尖，深羽裂达羽轴的狭翅；叶干后革质，上面呈暗绿色，平滑无毛，下面被腺体，分泌白色蜡质粉末。孢子囊群生于小脉顶端，囊群盖膜质，淡棕色至褐棕色，连续，通常较宽，幼时几乎生至主脉，边缘具有不整齐的浅波状圆齿。

物 候 期 孢子期7～10月。

生长环境 在贡嘎山分布于林下及灌丛石灰岩缝。

摄影／张宪春

阔羽粉背蕨 *Aleuritopteris tamburii*

凤尾蕨科 Pteridaceae
粉背蕨属 *Aleuritopteris*

形态特征 植株高可超过40厘米。根状茎短而直立，被宽披针形、褐色或棕红色、有光泽的鳞片。叶簇生；叶柄粗壮，栗红色、有光泽，光滑；叶片五角形，基部三回羽裂，中部二回羽裂，向顶端一回羽状深裂，分裂度粗；羽片3~5对，下面两对常被无翅叶轴分隔开来，或下延至彼此相连；基部一对羽片最大，羽状深裂；叶干后草质或纸质，上面光滑，叶脉显著，下面被白色粉末。孢子囊群由少数孢子囊组成；囊群盖狭长，连续，灰绿色，全缘；孢子圆球形，周壁具有颗粒状纹饰。

物 候 期 孢子期7~10月。

生长环境 在贡嘎山分布于海拔1900~2500米的山坡土坎上。

摄影 / 张宪春

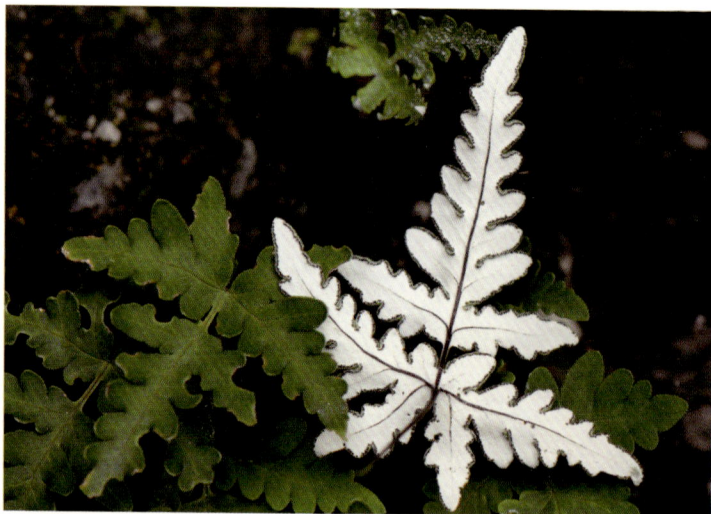

康定岩蕨 *Woodsia kangdingensis*

岩蕨科 Woodsiaceae
岩蕨属 *Woodesia*

保护级别 贡嘎山特有种。

形态特征 植株高16～23厘米。根状茎直立，先端有鳞，鳞片棕色，卵状披针形，全缘。叶密集簇生；花柱流线形，无毛，疏生有鳞，鳞片棕色，披针形或狭卵形，全缘。二回羽裂，狭披针形，基部渐狭，先端渐尖；羽片14～19对，近对生，三角状卵形。孢子囊群呈球形，膜质，先端糜烂。

物 候 期 孢子期7～10月。

生长环境 在贡嘎山分布于海拔3400～3800米的岩石上或森林的岩石裂缝里。

摄影 / 张宪春

08

GYMNOSPERM

裸子植物

　　裸子植物为多年生木本植物，大多为单轴分枝的高大乔木，少为灌木，稀为藤本；次生木质部几乎全由管胞组成，稀有导管。叶多为线形、针形或鳞形，稀为羽状全裂、扇形、阔叶形、带状或膜质鞘状。花单性，雌雄异株或同株；小孢子叶球（雄球花）具有多数小孢子叶（雄蕊），每个小孢子叶下面生有贮满小孢子（花粉）的小孢子囊（花粉囊）。大孢子叶（珠鳞、珠托、珠领、套被）不形成封闭的子房，着生一至多枚裸露的胚珠，多数丛生树干顶端或生于轴上形成大孢子叶球（雌球花）；胚珠直立或倒生，由胚囊、珠心和珠被组成，顶端有珠孔。种子裸露于种鳞之上，或被变态大孢子叶发育的假种皮所包，其胚由雌配子体的卵细胞受精而成，胚乳由雌配子体的其他部分发育而成，种皮由有珠被发育而成；胚具有两枚或多枚子叶。

　　贡嘎山保护区有国家一级重点保护野生裸子植物2种，即红豆杉和南方红豆杉；国家二级重点保护野生裸子植物2种，即岷江柏木和黄杉；贡嘎山特有野生裸子植物1种，为康定云杉。

裸子植物的花结构图

FLOWER STRUCTURE OF GYMNOSPERMS

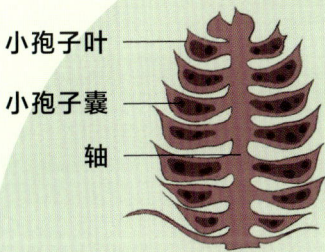

小孢子叶
小孢子囊
轴

雄花穗

长枝

针形叶
短枝

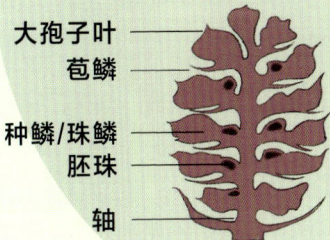

大孢子叶
苞鳞
种鳞/珠鳞
胚珠
轴

雌花穗/球果

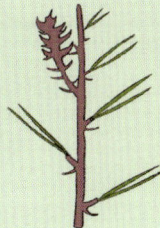

红豆杉

Taxus wallichiana var. chinensis

国家一级重点保护野生植物

果

叶

红豆杉局部图

岷江柏木

Cupressus chengiana

国家二级重点保护野生植物

果

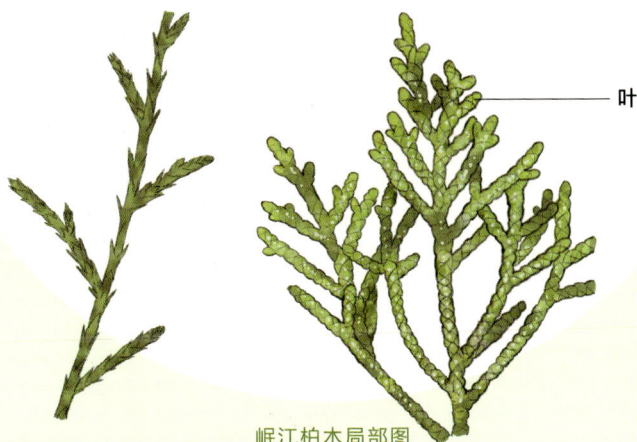

叶

岷江柏木局部图

岷江柏木 *Cupressus chengiana*

柏科 Cupressaceae
柏木属 *Cupressus*

保护级别

国家二级重点保护野生植物。

形态特征

常绿乔木，高达30米，胸径1米。枝叶浓密，生鳞叶的小枝斜展，不下垂，不排成平面，圆柱形。鳞叶斜方形，交叉对生。二年生枝带紫褐色、灰紫褐色或红褐色，三年生枝皮鳞状剥落。成熟的球果近球形或略长；种鳞4～5对，呈红褐色或褐色；种子多数，两侧种翅较宽。

物候期

花期4～5月，种子翌年夏季成熟。

生长环境

在贡嘎山分布于康定市的峡谷两侧和干旱河谷地带。

摄影 / 张磊

冷杉 *Abies fabri*

松科 Pinaceae
冷杉属 *Abies*

形态特征 乔木，高达40米。树皮呈灰色或深灰色，裂成不规则的薄片固着于树干上，内皮呈淡红色。大枝斜上伸展，一年生枝呈淡褐黄色、淡灰黄色或淡褐色，二、三年生枝呈淡褐灰色或褐灰色。冬芽圆球形或卵圆形，有树脂。叶在枝条上面斜上伸展，枝条形，边缘微反卷，或干叶反卷，先端有凹缺或钝，上面为光绿色，下面有两条粉白色气孔带。球果卵状圆柱形或短圆柱形，基部稍宽，顶端圆或微凹，有短梗，成熟时呈暗黑色或淡蓝黑色，微被白粉。

物候期 花期5月，球果10月成熟。

生长环境 在贡嘎山分布于康定市、泸定县、石棉县海拔2000～4000米的高山上。

摄影 / 向巧萍

岷江冷杉 *Abies fargesii var. faxoniana*

松科 Pinaceae
冷杉属 *Abies*

形态特征

乔木，高达40米。树皮为深
灰色，裂成不规则的块片。大
枝斜展；主枝通常无毛；侧枝
密生锈色毛，稀无毛；一年
生枝呈淡黄褐色或淡褐色，较
细；二、三年生枝呈淡黄灰
色、黄灰色或稀灰褐色，微有
凹槽。冬芽卵圆形，有较多的
树脂。叶排列较密，在枝条下
面排成两列，枝条上面的叶斜
上伸展，条形，直或微弯，先
端有凹缺，稀果枝或主枝上的
叶先端钝或尖，边缘微向下卷
或不卷，上面为光绿色，下面
有2条白色气孔带。球果卵状
椭圆形或圆柱形，顶端平，无
梗或近无梗，成熟时呈深紫黑
色，微具白粉。

物候期

花期4～5月，球果10月成熟。

生长环境

在贡嘎山分布于康定市折多山
东坡海拔2700～3900米的高
山地带。

摄影／张树仁

红豆杉 *Taxus wallichiana* var. *chinensis*

红豆杉科 Taxaceae
红豆杉属 *Taxus*

保护级别 国家一级重点保护野生植物。

形态特征 常绿乔木，高达30米。树皮为灰褐色、红褐色或暗褐色，裂成条片脱落。大枝开展，一年生枝呈绿色或淡黄绿色，秋季变成绿黄色或淡红褐色，二、三年生枝呈黄褐色、淡红褐色或灰褐色。冬芽呈黄褐色、淡褐色或红褐色，有光泽，芽鳞三角状卵形。叶排成两列，条形，微弯或较直，上部微渐窄，先端常微急尖，稀急尖或渐尖，上面为深绿色，有光泽，下面为淡黄绿色。雌雄异株，雄球花为淡黄色。种子卵圆形，微扁。

物候期 花期4~5月，种子9~10月成熟。

生长环境 在贡嘎山分布于泸定县、石棉县的山地。

摄影 / 王飞

南方红豆杉 *Taxus wallichiana var. mairei*

红豆杉科 Taxaceae
红豆杉属 *Taxus*

保护级别

国家一级重点保护野生植物。

形态特征

与红豆杉的区别主要在于本变种叶常较宽且长，多呈弯镰状，上部常渐窄，先端渐尖，背面中脉明显，其色泽与气孔带相异，无乳头状突起或有少量乳突，呈淡黄绿色或绿色，绿色边带亦较宽且明显。种子通常较大，微扁，多呈倒卵圆形。

物候期

花期4～5月，种子9～10月成熟。

生长环境

在贡嘎山分布于康定市、九龙县、石棉县的山地。

摄影/王进

09

ANGIOSPERM

被子植物

被子植物在形态上具有不同于裸子植物所具有的孢子叶球的花；胚珠被包藏于闭合的子房内，由子房发育成果实；子叶1~2枚（很少有3~4枚）；维管束主要由导管构成；在生殖上配子体大大简化，以最少的分裂次数发育，雌配子体中的颈卵器已不发育；在生态上适应于各种生存条件；在生理功能上具有比裸子植物和蕨类植物强得多的对光能利用的适应性。

贡嘎山保护区内有国家二级重点保护野生被子植物71种，包括水仙花鸢尾、川贝母、七叶一枝花、紫点杓兰和西康天女花等；贡嘎山特有野生被子植物60种，包括九龙银莲花、疏叶乌头、石棉毛茛、九龙唐松草等。

被子植物的花结构图

FLOWER STRUCTURE OF ANGIOSPERMS

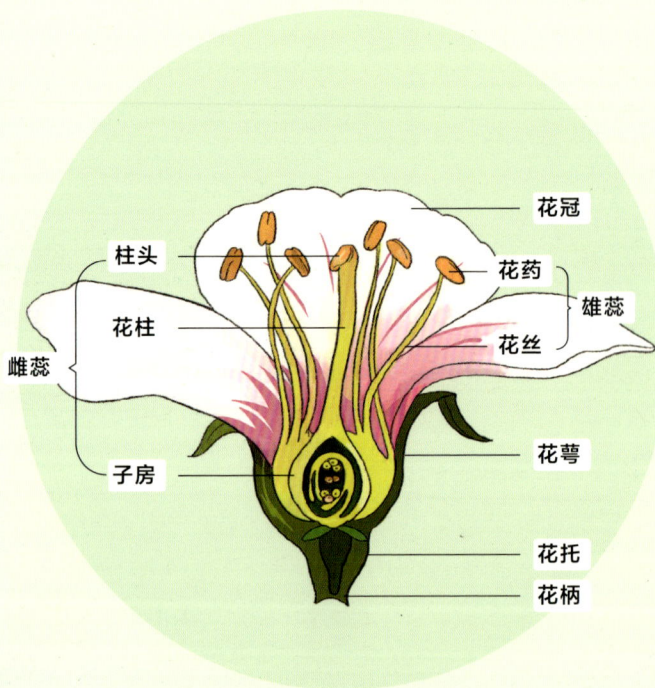

柱头

花柱

雌蕊

子房

花冠

花药

雄蕊

花丝

花萼

花托

花柄

亮叶杜鹃

Rhododendron vernicosum

花

叶

紫点杓兰

Cypripedium guttatum

国家二级重点保护野生植物

叶

花

紫点杓兰局部图　　　　紫点杓兰全体图

七叶一枝花

Paris polyphylla

国家二级重点保护野生植物

花瓣

蒴果

花萼

花瓣

花萼

七叶一枝花局部图——花

叶

花

七叶一枝花全体图

垂茎异黄精

Heteropolygonatum pendulum

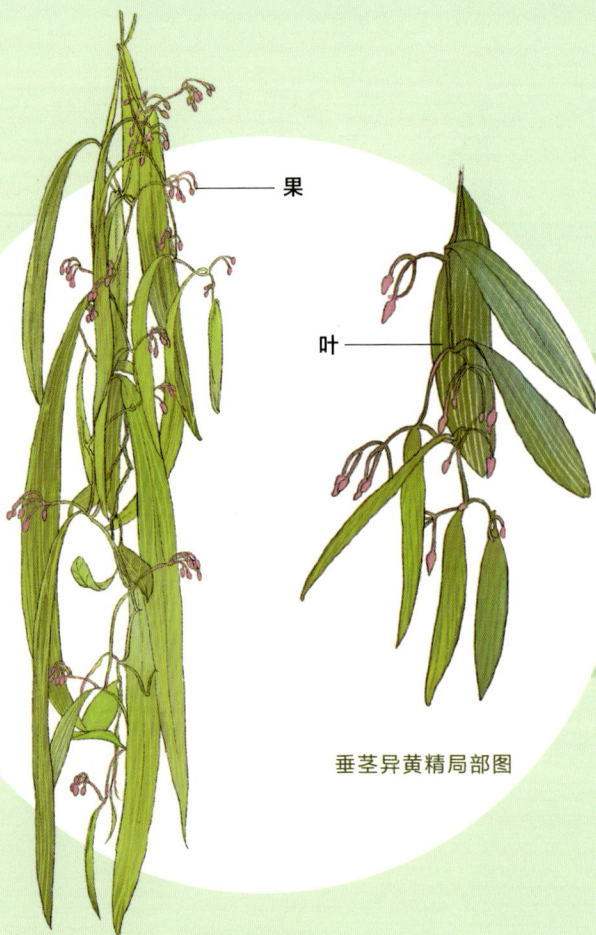

果

叶

垂茎异黄精局部图

垂茎异黄精全体图

垂茎异黄精 *Heteropolygonatum pendulum*

天门冬科 Asparagaceae
异黄精属 *Heteropolygonatum*

保护级别

贡嘎山特有种。

形态特征

多年生草本，附生在湿润森林中的大树上。根状茎通常分枝，呈念珠状，肉质。茎上升或下垂。叶互生，具有短或不明显的叶柄，全缘。花序顶生或腋生，总状近伞形，通常1或2花，有时3~6花。花两性，下垂。花被带粉红色或白色，呈管状或钟状；裂片6枚，呈鳞状。浆果为球状或卵球形，橙红色。

物候期

花期5~6月，果期8~9月。

生长环境

在贡嘎山分布于海螺沟内青石板沟海拔2200~2300米一带。

摄影 / 张树仁

康定玉竹 *Polygonatum prattii*

天门冬科 Asparagaceae
黄精属 *Polygonatum*

形态特征 根状茎呈细圆柱形，近等粗。茎高8～30厘米。叶4～15枚，下部的叶为互生或间有对生，上部的叶以对生为主，顶端的叶常为3枚轮生，椭圆形至矩圆形，先端略钝或尖。花序通常有2～3朵花；花被淡紫色，筒里面平滑或呈乳头状粗糙。浆果为紫红色至褐色。

物 候 期 花期5～6月，果期8～10月。

生长环境 在贡嘎山分布于海拔2500～3300米的林下、灌丛或山坡草地。

摄影 / 贡嘎山管理局

水仙花鸢尾 *Iris narcissiflora*

鸢尾科 Iridaceae

鸢尾属 *Iris*

保护级别

国家二级重点保护野生植物。

形态特征

多年生草本，植株基部围有鞘状叶，无基生叶。根状茎有直立和横走之分；根细，黄白色。叶茎生，质地柔嫩，条形；花茎纤细，不分枝；花黄色，无花梗。外花被裂片为椭圆形或倒卵形，内花被裂片为狭卵形，花盛开时向外平展。

物候期

花期4~5月，果期6~8月。

生长环境

在贡嘎山分布于康定市的山坡草地、林中旷地、林缘或灌丛中。

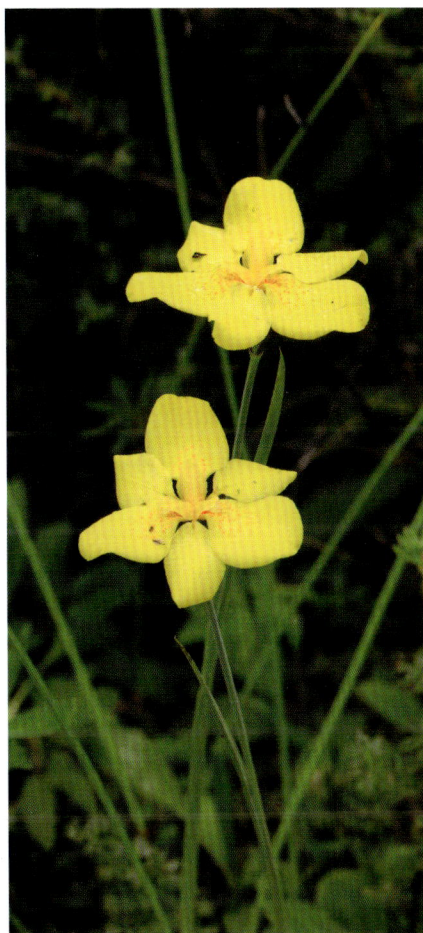

摄影 / 邹滔

川贝母 *Fritillaria cirrhosa*

百合科 Liliaceae
贝母属 *Fritillaria*

保护级别

国家二级重点保护野生植物。

形态特征

植株高达60厘米，鳞茎为球形或宽卵圆形，叶常对生。花通常单朵，极少2~3朵，呈紫色或黄绿色，大多有小方格，少数仅有斑点或条纹。蒴果棱上有窄翅。

物候期

花期5~7月，果期8~10月。

生长环境

在贡嘎山分布于康定市、九龙县、泸定县海拔3200~4200米的林中、灌丛下、草地或河滩、山谷等湿地或岩缝中。

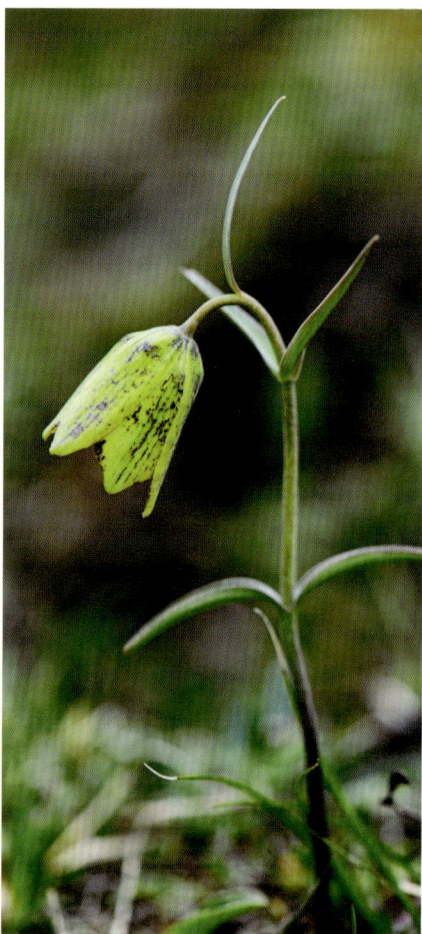

摄影 / 张磊

暗紫贝母 *Fritillaria unibracteata*

百合科 Liliaceae
贝母属 *Fritillaria*

保护级别　国家二级重点保护野生植物。

形态特征　植株高达40厘米，鳞茎有2枚鳞片。在下面的1～2对叶为对生，在上面的1～2枚叶为散生或对生，呈条形或条状披针形。花单朵，深紫色，有黄褐色小方格。蒴果棱具有窄翅。

物 候 期　花期6月，果期8月。

生长环境　在贡嘎山分布于康定市海拔3200～4500米的草地上。

摄影 / 张磊

宝兴百合 *Lilium duchartrei*

百合科 Liliaceae
百合属 *Lilium*

形态特征

鳞茎为卵圆形；鳞片为卵形至宽披针形，白色。茎高50～85厘米，有淡紫色条纹。叶散生，呈披针形至矩圆状披针形，边缘或下面具有乳头状突起，叶腋簇生白毛。花单生或数朵排成总状花序或近伞房花序、伞形总状花序；苞片叶状，披针形；花下垂，有香味，呈白色或粉红色，有紫色斑点。蒴果为椭圆形。

物候期

花期7月，果期9月。

生长环境

在贡嘎山分布于海拔2300～3500米的高山草地、林缘或灌木丛中。

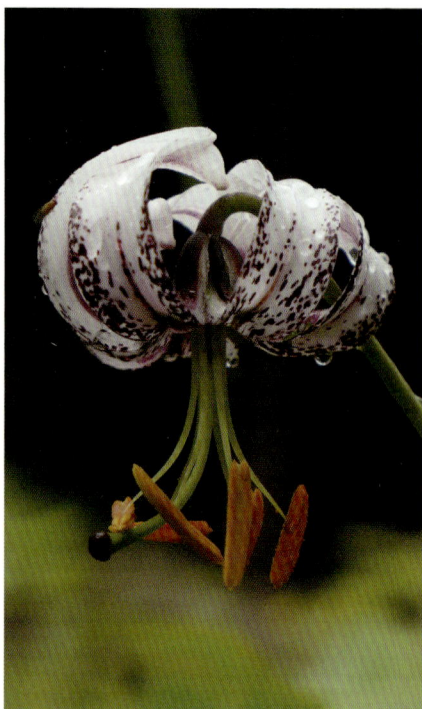

摄影 / 贡嘎山管理局

尖被百合 *Lilium lophophorum*

百合科 Liliaceae
百合属 *Lilium*

形态特征

鳞茎近卵形；鳞片较松散，披针形，白色。茎高10～45厘米，无毛。叶变化很大，由聚生至散生，呈披针形、矩圆状披针形或长披针形，先端钝、急尖或渐尖，基部渐狭，边缘有乳头状突起。花通常1朵，少有2～3朵，下垂；苞片叶状，披针形；花为黄色、淡黄色或淡黄绿色，具有极稀疏的紫红色斑点或无斑点；花被片为披针形或狭卵状披针形。蒴果为矩圆形，成熟时带紫色。

物候期

花期6～7月，果期8～9月。

生长环境

在贡嘎山分布于海拔2700～4250米的高山草地、林下或山坡灌丛中。

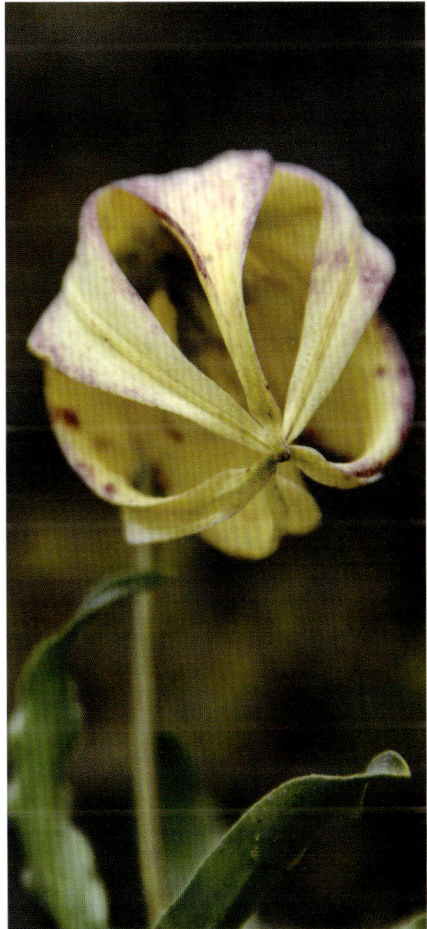

摄影/张树仁

七叶一枝花 *Paris polyphylla*

藜芦科 Melanthiaceae
重楼属 *Paris*

保护级别 国家二级重点保护野生植物。

形态特征 植株高35~100厘米，无毛；根状茎粗厚，茎通常带紫红色。叶5~11枚，为长圆形、倒卵状长圆形或倒披针形，绿色。萼片为绿色，披针形；花瓣为线形，有时具有短爪，呈黄绿色，有时基部为黄绿色，上部为紫色。蒴果近球形，绿色，不规则开裂。

物候期 花期4~7月，果期8~11月。

生长环境 在贡嘎山分布于康定市、九龙县、泸定县和石棉县海拔1800~3200米的林下。

摄影/张树仁

华重楼 *Paris polyphylla* var. *chinensis*

藜芦科 Melanthiaceae
重楼属 *Paris*

保护级别

国家二级重点保护野生植物。

形态特征

草本。叶5~8枚轮生，通常为7枚，倒卵状披针形、矩圆状披针形或倒披针形，基部通常呈楔形。内轮花被片为狭条形，通常中部以上变宽，长为外轮长度的1/3至近等长或稍超过。

物候期

花期5~7月，果期8~10月。

生长环境

在贡嘎山分布于泸定县的林下阴处或沟谷边的草丛中。

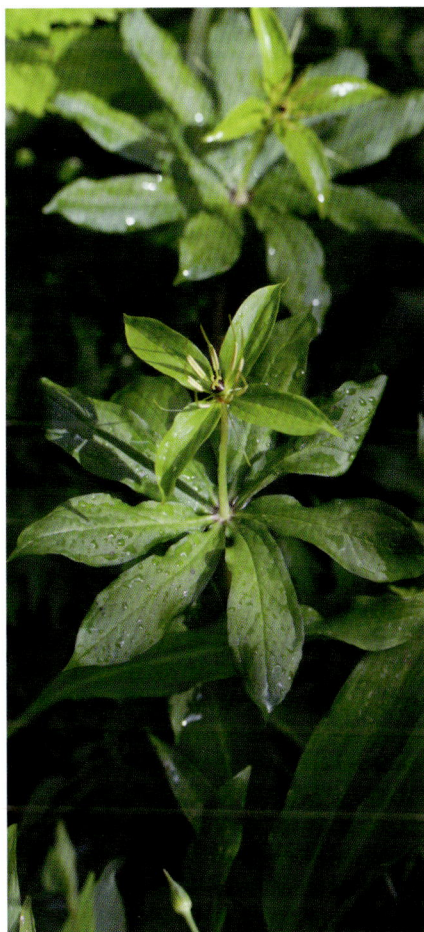

摄影 / 张磊

狭叶重楼 *Paris polyphylla* var. *stenophylla*

黎芦科 Melanthiaceae
重楼属 *Paris*

保护级别 国家二级重点保护野生植物。

形态特征 草本。叶8~22枚轮生，披针形、倒披针形或条状披针形，有时略微弯曲呈镰刀状，先端渐尖，基部楔形，具有短叶柄。外轮花被片呈叶状，5~7枚，狭披针形或卵状披针形，先端渐尖，基部渐狭成短柄；内轮花被片呈狭条形，远比外轮花被片长。

物 候 期 花期6~8月，果期9~10月。

生长环境 在贡嘎山分布于康定市、九龙县、泸定县和石棉县的林下或草丛阴湿处。

摄影 / 张树仁

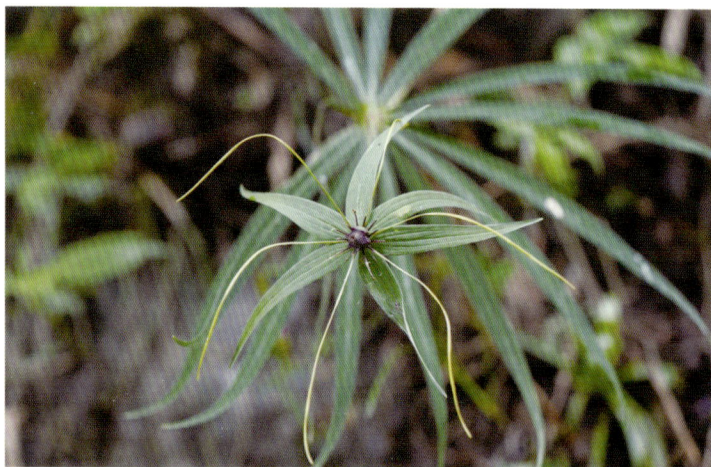

白及 *Bletilla striata*

兰科 Orchidaceae
白及属 *Bletilla*

保护级别 国家二级重点保护野生植物。

形态特征 植株高18~60厘米。假鳞茎为扁球形，上面具有荸荠似的环带，富黏性。茎粗壮，劲直。叶4~6枚，狭长圆形或披针形，先端渐尖，基部收狭成鞘并抱茎。花序有3~10朵花，常不分枝或极罕分枝；花序轴或多或少呈"之"字状弯曲。花苞片为长圆状披针形，开花时常凋落。花大，紫红色或粉红色。萼片和花瓣近等长，狭长圆形，先端急尖。花瓣较萼片稍宽；唇瓣较萼片和花瓣稍短，倒卵状椭圆形，白色带紫红色，具有紫色脉。

物候期 花期4~5月。

生长环境 在贡嘎山分布于九龙县、泸定县和石棉县的常绿阔叶林下、针叶林下、路边草丛或岩石缝中。

摄影 / 张磊

莎草兰 *Cymbidium elegans*

兰科 Orchidaceae
兰属 *Cymbidium*

保护级别 国家二级重点保护野生植物。

形态特征 附生草本；假鳞茎近卵形，包藏于叶基之内。叶6～13枚，二列，带形，先端渐尖或有时2裂。花葶从假鳞茎下部叶腋内长出，下弯。总状花序下垂，有20余朵花；花苞片小，花下垂，狭钟形，几乎不开放，稍有香气，奶油黄色至淡黄绿色，有时略带淡粉红色晕或唇瓣上偶见少数红斑点，褶片呈亮橙黄色。萼片为狭倒卵状披针形，花瓣为宽线状倒披针形，唇瓣为倒披针状三角形。蒴果为椭圆形。

物候期 花期10～12月。

生长环境 在贡嘎山分布于康定市的林中树上或岩壁上。

摄影 / 黄科

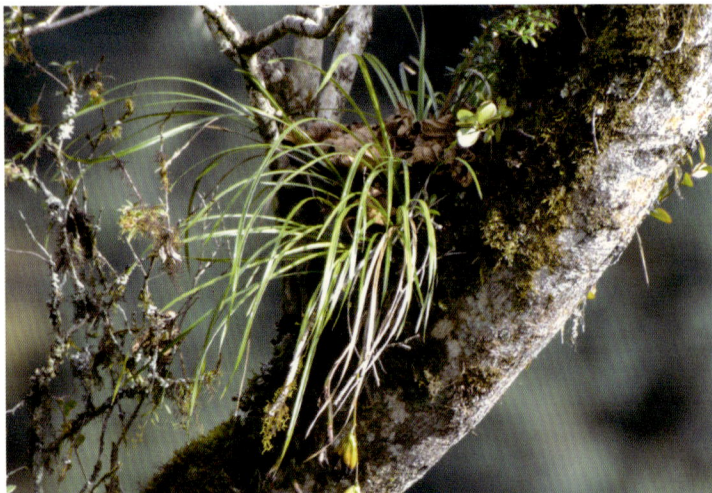

春兰 *Cymbidium goeringii*

兰科 Orchidaceae
兰属 *Cymbidium*

保护级别 国家二级重点保护野生植物。

形态特征 地生草本。假鳞茎较小，卵球形，包藏于叶基之内。叶4～7枚，带形，通常较短小，下部常对折而呈"∨"字形，边缘无齿或具有细齿。花葶从假鳞茎基部外侧叶腋中抽出，直立，明显短于叶。花序有单朵花，极罕有2朵；花苞片长而宽。花色泽变化较大，通常为绿色或淡褐黄色，并带有紫褐色脉纹，有香气。萼片近长圆形至长圆状倒卵形；花瓣为倒卵状椭圆形至长圆状卵形；唇瓣近卵形，不明显3裂。蒴果为狭椭圆形。

物候期 花期1～3月。

生长环境 在贡嘎山分布于泸定县的多石山坡、林缘和林中透光处。

摄影 / 邹滔

虎头兰 *Cymbidium hookerianum*

兰科 Orchidaceae
兰属 *Cymbidium*

保护级别　国家二级重点保护野生植物。

形态特征　附生草本。假鳞茎为狭椭圆形至狭卵形，大部分包藏于叶基之内。叶4～8枚，带形，先端急尖。花葶从假鳞茎下部穿鞘而出，外弯或近直立。总状花序有7～14朵花；花苞片呈卵状三角形；花大，有香气。萼片与花瓣呈苹果绿色或黄绿色，基部有少数深红色斑点或偶有淡红褐色晕；唇瓣呈白色至奶油黄色。萼片近长圆形；花瓣为狭长圆状倒披针形，与萼片近等长；唇瓣近椭圆形，3裂。蒴果为狭椭圆形。

物　候　期　花期1～4月。

生长环境　在贡嘎山分布于泸定县的林中树上或溪谷旁的岩石上。

摄影 / 张磊

对叶杓兰 *Cypripedium debile*

兰科 Orchidaceae
杓兰属 *Cypripedium*

保护级别 国家二级重点保护野生植物。

形态特征 植株高10～30厘米。茎直立，纤细，无毛，顶生2枚叶。叶对生或近对生，平展；叶片为宽卵形、三角状卵形或近心形，草质，两面无毛，具有3～5条主脉及不甚明显的网状支脉。花序顶生，下垂或俯垂，有1花；花序柄纤细，弯曲，无毛。花苞片线形，常弯曲而呈镰刀状。花较小，常下弯而位于叶的下方。萼片和花瓣呈淡绿色或淡黄绿色，基部有栗色斑，唇瓣呈白色且有栗色斑。花瓣为披针形，唇瓣为深囊状。蒴果为狭椭圆形。

物候期 花期5～7月，果期8～9月。

生长环境 在贡嘎山分布于康定市、泸定县、石棉县的林下、沟边或草坡上。

摄影 / 邹滔

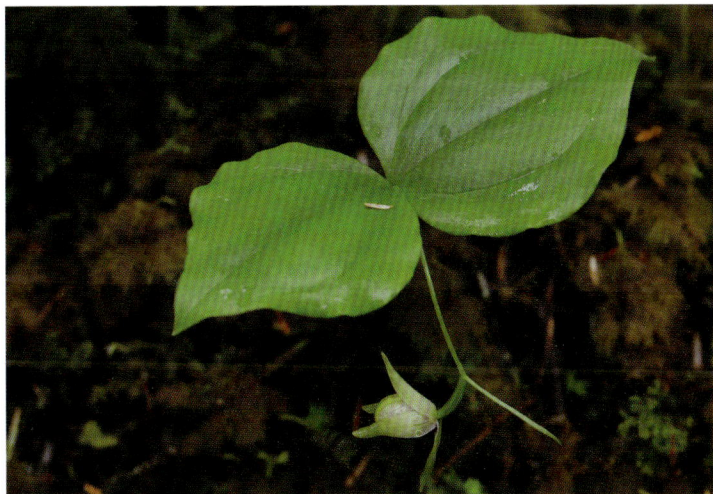

毛瓣杓兰 *Cypripedium fargesii*

兰科 Orchidaceae
杓兰属 *Cypripedium*

保护级别 国家二级重点保护野生植物。

形态特征 植株高约10厘米。茎直立，包藏于2~3枚近圆筒形的鞘内，顶端有2枚叶。叶近对生，铺地；叶片为宽椭圆形至近圆形，先端钝，上面呈绿色并有黑栗色斑点，无毛。花葶顶生，有1花；花序柄无毛；花苞片不存在。萼片呈淡黄绿色，花瓣带白色，内表面有淡紫红色条纹，外表面有细斑点，唇瓣呈黄色且有淡紫红色细斑点。花瓣为长圆形，内弯包唇瓣，唇瓣为深囊状，近球形。

物 候 期 花期5~7月。

生长环境 在贡嘎山分布于康定市、九龙县、泸定县的灌丛下、疏林中或草坡上腐殖质丰富之处。

摄影 / 张树仁

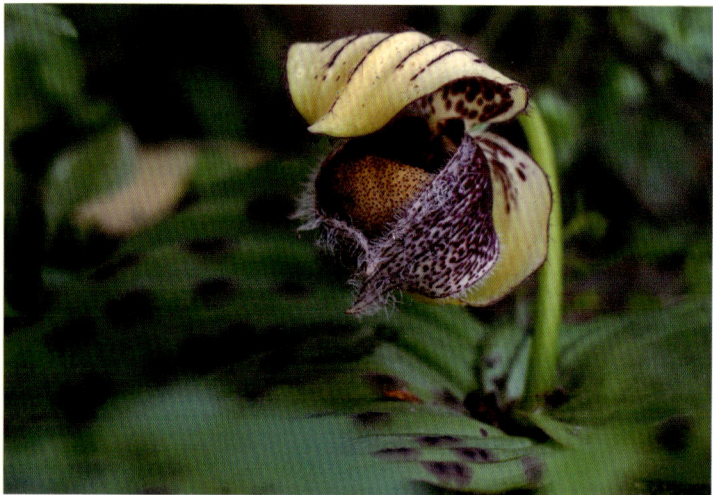

大叶杓兰 *Cypripedium fasciolatum*

兰科 Orchidaceae
杓兰属 *Cypripedium*

保护级别

国家二级重点保护野生植物。

形态特征

植株高30~45厘米。茎直立，无毛或在上部近关节处具有短柔毛，基部有数枚鞘，鞘上方有3~4枚叶。叶片为椭圆形或宽椭圆形，先端短渐尖，两面无毛，有缘毛。花序顶生，通常有1花，极罕有2花；花序柄上端被短柔毛；花苞片呈叶状，椭圆形或卵形。花大，有香气，黄色；萼片与花瓣上具有明显的栗色纵脉纹；唇瓣有栗色斑点。花瓣为线状披针形或宽线形；唇瓣为深囊状，近球形。

物候期

花期4~5月。

生长环境

在贡嘎山分布于泸定县的疏林中、山坡灌丛下或草坡上。

摄影 / 邹滔

黄花杓兰 *Cypripedium flavum*

兰科 Orchidaceae
杓兰属 *Cypripedium*

保护级别 国家二级重点保护野生植物。

形态特征 植株通常高30～50厘米。茎直立，密被短柔毛，基部有数枚鞘，鞘上方有3～6枚叶。叶较疏离，叶片为椭圆形至椭圆状披针形，先端急尖或渐尖，两面被短柔毛，边缘有细缘毛。花序顶生，通常有1花，罕有2花；花序柄被短柔毛；花苞片为叶状、椭圆状披针形。花呈黄色，偶见红色晕，唇瓣上偶见栗色斑点。花瓣为长圆形至长圆状披针形；唇瓣为深囊状，椭圆形。蒴果为狭倒卵形。

物 候 期 花果期6～9月。

生长环境 在贡嘎山分布于康定市、九龙县、泸定县的林下、林缘、灌丛中或草地上多石湿润之地。

摄影 / 张树仁

毛杓兰 *Cypripedium franchetii*

兰科 Orchidaceae
杓兰属 *Cypripedium*

保护级别 国家二级重点保护野生植物。

形态特征 植株高20~35厘米。茎直立，密被长柔毛，尤其是上部，基部有数枚鞘，鞘上方有3~5枚叶。叶片为椭圆形或卵状椭圆形，先端急尖或短渐尖，两面脉上疏被短柔毛，边缘有细缘毛。花序顶生，有1花；花序柄密被长柔毛；花苞片为叶状，椭圆形或椭圆状披针形。花呈淡紫红色至粉红色，有深色脉纹。花瓣为披针形；唇瓣为深囊状，椭圆形或近球形。

物候期 花期5~7月。

生长环境 在贡嘎山分布于康定市的疏林下或灌木林中湿润、腐殖质丰富和排水良好的地方，也分布于湿润草坡上。

摄影 / 邹滔

紫点杓兰 *Cypripedium guttatum*

兰科 Orchidaceae
杓兰属 *Cypripedium*

保护级别

国家二级重点保护野生植物。

形态特征

植株高15~25厘米。根状茎细长，横走；茎直立，被短柔毛和腺毛，基部有数枚鞘，顶端有叶。叶2枚，极罕为3枚，常对生或近对生，偶见互生，叶片为椭圆形、卵形或卵状披针形，先端急尖或渐尖，背面脉上疏被短柔毛或近无毛，干后常变为黑色或浅黑色。花序顶生，有1花；花序柄密被短柔毛和腺毛；花苞片为叶状，卵状披针形。花呈白色，具有淡紫红色或淡褐红色斑。花瓣常近匙形或提琴形；唇瓣为深囊状，钵形或深碗状，略近球形。蒴果近狭椭圆形，下垂。

物候期

花期5~7月，果期8~9月。

生长环境

在贡嘎山分布于康定市、九龙县的林下、灌丛中或草地上。

摄影 / 邹滔

绿花杓兰 *Cypripedium henryi*

兰科 Orchidaceae
杓兰属 *Cypripedium*

保护级别　国家二级重点保护野生植物。

形态特征　植株高30~60厘米。茎直立，被短柔毛，基部有数枚鞘，鞘上方有4~5枚叶。叶片为椭圆状至卵状披针形，先端渐尖，无毛或在背面近基部被短柔毛。花序顶生，通常有2~3花；花苞片为叶状，卵状披针形或披针形。花呈绿色至绿黄色。花瓣为线状披针形；唇瓣为深囊状，椭圆形。蒴果近椭圆形或狭椭圆形，被毛。

物候期　花期4~5月，果期7~9月。

生长环境　在贡嘎山分布于康定市、泸定县的疏林下、林缘、灌丛、坡地上湿润和腐殖质丰富之地。

摄影 / 邹滔

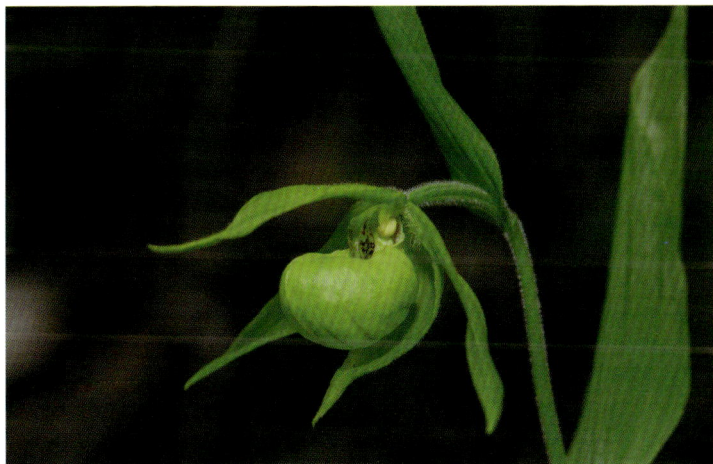

西藏杓兰 *Cypripedium tibeticum*

兰科 Orchidaceae
杓兰属 *Cypripedium*

保护级别 国家二级重点保护野生植物。

形态特征 植株高15~35厘米。茎直立，无毛或上部近节处被短柔毛，基部有数枚鞘，鞘上方通常有3枚叶，罕有2枚或4枚叶。叶片为椭圆形、卵状椭圆形或宽椭圆形，先端急尖、渐尖或钝，无毛或疏被微柔毛，边缘有细缘毛。花序顶生，有1花；花苞片为叶状，椭圆形至卵状披针形。花大，俯垂，呈紫色、紫红色或暗栗色，通常有淡绿黄色的斑纹，花瓣上的纹理尤其清晰，唇瓣的囊口周围有白色的圈。花瓣为披针形或长圆状披针形；唇瓣为深囊状，近球形至椭圆形。

物候期 花期5~8月。

生长环境 在贡嘎山分布于康定市、泸定县海拔2300~4200米的透光林下、林缘、灌木坡地、草坡或乱石地上。

摄影 / 黄尔峰

云南杓兰 *Cypripedium yunnanense*

兰科 Orchidaceae
杓兰属 *Cypripedium*

保护级别

国家二级重点保护野生植物。

形态特征

植株高20~37厘米。茎直立，无毛或上部近节处疏被短柔毛，基部有数枚鞘，鞘上方有3~4枚叶。叶片为椭圆形或椭圆状披针形，先端渐尖，上面无毛或疏被微柔毛，背面被微柔毛，毛尤以脉上为多。花序顶生，有1花；花序柄上端疏被短柔毛；花苞片为叶状，卵状椭圆形或卵状披针形。花略小，呈粉红色、淡紫红色，偶见灰白色，有深色的脉纹。花瓣为披针形；唇瓣为深囊状，椭圆形。

物候期

花期5月。

生长环境

在贡嘎山分布于康定市、九龙县海拔2700~3800米的松林下、灌丛中或草坡上。

摄影 / 邹滔

细叶石斛 *Dendrobium hancockii*

兰科 Orchidaceae
石斛属 *Dendrobium*

保护级别 国家二级重点保护野生植物。

形态特征 茎直立，质硬，圆柱形，具有纵棱。叶通常3~6枚，互生于主茎和分枝的上部，狭长圆形，先端钝且不等侧2裂，基部有革质鞘。总状花序；花苞片膜质，卵形；花质地厚，稍具香气，开展，呈金黄色，仅唇瓣侧裂片内侧有少数红色条纹。花瓣为斜倒卵形或近椭圆形；唇瓣长宽相等，基部有1个胼胝体，中部3裂。

物候期 花期5~6月。

生长环境 在贡嘎山分布于康定市、泸定县的山地林中的树干或山谷岩石上。

摄影 / 张树仁

细茎石斛 *Dendrobium moniliforme*

兰科 Orchidaceae
石斛属 *Dendrobium*

保护级别　国家二级重点保护野生植物。

形态特征　茎直立或斜立，细圆柱形。叶革质，二列、数枚，互生于茎的上部，狭长圆形，先端钝且稍不等侧2裂，基部有抱茎的鞘。总状花序1~4个，从落叶老茎上部发出，有1~2朵花；花苞片干膜质，浅白色，中部或先端呈栗色，先端渐尖。花大，乳白色，有时带淡红色，开展。花瓣近椭圆形；唇瓣为卵状披针形。

物候期　花期5月。

生长环境　在贡嘎山分布于泸定县的山地阔叶林中的树干或林下岩石上。

摄影 / 邹滔

石斛 *Dendrobium nobile*

兰科 Orchidaceae
石斛属 *Dendrobium*

保护级别 国家二级重点保护野生植物。

形态特征 茎直立，稍扁的圆柱形，上部常回折弯曲，下部为细圆柱形，有多节。叶革质，长圆形，先端不等2裂，基部有抱茎鞘。总状花序从有叶或落叶的老茎中部以上部分发出；花苞片膜质，卵状披针形。花大，呈白色，带淡紫色先端，有时全体为淡紫红色或除唇盘上有1个紫红色斑块外，其余均为白色。花瓣近斜宽卵形；唇瓣为宽卵形。

物 候 期 花期4~5月。

生长环境 在贡嘎山分布于泸定县、石棉县的山地林中的树干或山谷岩石上。

摄影 / 黄科

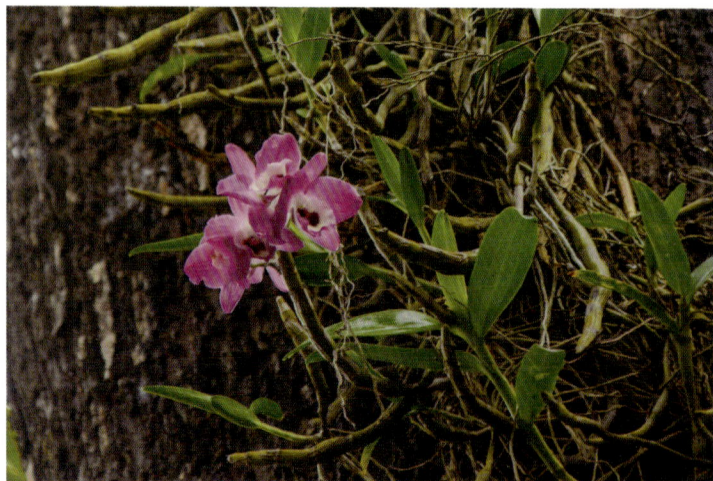

天麻 *Gastrodia elata*

兰科 Orchidaceae
天麻属 *Gastrodia*

保护级别 国家二级重点保护野生植物。

形态特征 植株高30~100厘米，有时可达2米。根状茎肥厚，块茎状，椭圆形至近哑铃形，肉质，有较密的节，节上被许多三角状宽卵形的鞘。茎直立，呈橙黄色、黄色、灰棕色或蓝绿色，无绿叶，下部被数枚膜质鞘。总状花序通常有30~50朵花；花苞片为长圆状披针形，膜质。花扭转，呈橙黄色、淡黄色、蓝绿色或黄白色，近直立。萼片和花瓣合生成的花被筒近斜卵状圆筒形；唇瓣为长圆状卵圆形。蒴果为倒卵状椭圆形。

物候期 花果期5~7月。

生长环境 在贡嘎山分布于康定市、九龙县的疏林下、林中空地和林缘，以及灌丛边缘。

摄影 / 张树仁

手参 *Gymnadenia conopsea*

兰科 Orchidaceae
手参属 *Gymnadenia*

保护级别

国家二级重点保护野生植物。

形态特征

植株高20～60厘米。块茎椭圆形，肉质，下部掌状分裂，裂片细长。茎直立，圆柱形，基部有2～3枚筒状鞘，鞘上有4～5枚叶，上部有一至数枚苞片状小叶。叶片为线状披针形、狭长圆形或带形，先端渐尖或稍钝，基部收狭成抱茎的鞘。总状花序有多数密生的花，圆柱形；花苞片为披针形。花呈粉红色，罕为粉白色。花瓣直立，斜卵状三角形；唇瓣向前伸展，宽倒卵形。

物候期

花期6～8月。

生长环境

在贡嘎山分布于康定市、九龙县、泸定县的山坡林下、草地或砾石滩草丛中。

摄影 / 张磊

华西蝴蝶兰 *Phalaenopsis wilsonii*

兰科 Orchidaceae
蝴蝶兰属 *Phalaenopsis*

保护级别 国家二级重点保护野生植物。

形态特征 气生根发达，簇生，长而弯曲，表面密生疣状突起。茎很短，被叶鞘所包，通常有4~5枚叶。叶稍肉质，两面呈绿色或幼时背面呈紫红色，长圆形或近椭圆形，旱季落叶，花期无叶或仅有1~2小叶。花序从茎的基部发出，常1~2个，斜立，不分枝，花序轴疏生2~5朵花。花苞片膜质，卵状三角形。花开放，萼片和花瓣呈白色，带淡粉红色的中肋或全体为淡粉红色。花瓣为匙形或椭圆状倒卵形；唇瓣基部有长2~3毫米的爪，3裂。蒴果狭长。

物候期 花期4~7月，果期8~9月。

生长环境 在贡嘎山分布于泸定县的山地疏林中的树干或林下阴湿的岩石上。

摄影 / 邹滔

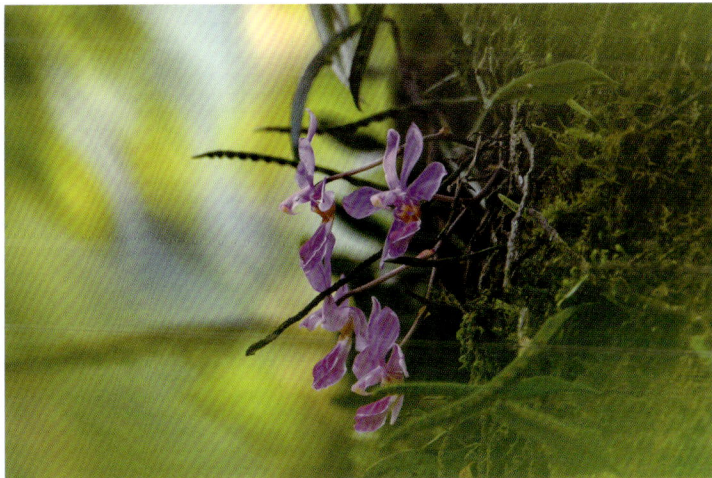

独蒜兰 *Pleione bulbocodioides*

兰科 Orchidaceae
独蒜兰属 *Pleione*

保护级别 国家二级重点保护野生植物。

形态特征 半附生草本。假鳞茎为卵形至卵状圆锥形，上端有明显的颈，顶端有1枚叶。叶在花期尚幼嫩，长成后为狭椭圆状披针形或近倒披针形，纸质。花葶从无叶的老假鳞茎基部发出，直立，顶端有1~2花；花苞为片线状长圆形。花呈粉红色至淡紫色，唇瓣上有深色斑。花瓣为倒披针形，稍斜歪；唇瓣轮廓为倒卵形或宽倒卵形。蒴果近长圆形。

物 候 期 花期4~6月。

生长环境 在贡嘎山分布于康定市、九龙县、泸定县、石棉县的常绿阔叶林下或灌木林缘腐殖质丰富的土壤或苔藓覆盖的岩石上。

摄影 / 邹滔

四川独蒜兰 *Pleione limprichtii*

兰科 Orchidaceae
独蒜兰属 *Pleione*

保护级别 国家二级重点保护野生植物。

形态特征 半附生草本。假鳞茎为圆锥状卵形，绿色或紫色，顶端有1枚叶。叶在花期尚幼嫩，长成后为披针形，纸质。花葶从无叶的老假鳞茎基部发出，直立，顶端有1花或稀为2花；花苞片为倒披针形。花呈紫红色至玫瑰红色，唇瓣色泽较浅但具有紫红色斑和白色褶片。花瓣为镰刀状倒披针形；唇瓣近圆形。

物 候 期 花期4~5月。

生长环境 在贡嘎山分布于康定市腐殖质丰富、苔藓覆盖的岩石或岩壁上。

摄影/张树仁

云南独蒜兰 *Pleione yunnanensis*

兰科 Orchidaceae
独蒜兰属 *Pleione*

保护级别　国家二级重点保护野生植物。

形态特征　地生或附生草本。假鳞茎为卵形、狭卵形或圆锥形，上端有明显的长颈，绿色，顶端有1枚叶。叶在花期极幼嫩或未长出，长成后为披针形至狭椭圆形，纸质。花葶从无叶的老假鳞茎基部发出，直立，顶端有1花，罕为2花；花苞片为倒卵形或倒卵状长圆形。花呈淡紫色、粉红色，有时近白色，唇瓣上具有紫色或深红色斑。花瓣为倒披针形，展开；唇瓣近宽倒卵形。蒴果为纺锤状圆柱形。

物候期　花期4～5月，果期9～10月。

生长环境　在贡嘎山分布于康定市、泸定县、石棉县的林下和林缘多石地或苔藓覆盖的岩石上，也分布于草坡稍荫蔽的砾石地上。

摄影 / 王进

芒苞草 *Acanthochlamys bracteata*

翡若翠科 Velloziaceae
芒苞草属 *Acanthochlamys*

保护级别　国家二级重点保护野生植物。

形态特征　草本。植株高1.5～5厘米，密丛生。根状茎坚硬，较长。叶针形，近直立，腹背面均有一纵沟，腹面沟明显较宽且深。聚伞花序缩短成头状，外形近扫帚状。花呈红色或紫红色。蒴果有3棱，偏斜椭圆状卵形。

物 候 期　花期6月，果期8月。

生长环境　在贡嘎山分布于康定市海拔2700～3500米的草地上或开旷的灌丛中。

摄影／张磊

软枣猕猴桃 *Actinidia arguta*

猕猴桃科 Actinidiaceae
猕猴桃属 *Actinidia*

保护级别 国家二级重点保护野生植物。

形态特征 大型落叶藤本。幼枝疏被毛，后脱落，皮孔不明显，髓心片层状，白色至淡褐色。叶膜质或纸质，卵形、长圆形、阔卵形至近圆形，先端骤短尖，基部圆形或心形，常偏斜，有锐锯齿，上面无毛，下面脉腋有白色髯毛，叶脉不明显。花序腋生或腋外生，为一至二回分枝，1～7花，被淡褐色短绒毛；苞片线形。花呈绿白色或黄绿色，芳香。萼片4～6枚，卵圆形至长圆形。花瓣4～6片，楔状倒卵形或瓢状倒阔卵形。果为圆球形至柱状长圆形，有喙或喙不显著，无毛，无斑点，无宿存萼片，成熟时呈绿黄色或紫红色。

物候期 花期4月，果期9月。

生长环境 在贡嘎山分布于康定市、泸定县和石棉县的山林中、溪旁或湿润处。

摄影 / 张磊

疙瘩七 *Panax bipinnatifidus*

五加科 Araliaceae
人参属 *Panax*

保护级别　国家二级重点保护野生植物。

形态特征　多年生草本。根状茎长，匍匐，稀疏串珠状。根为纤维状，不膨大成肉质。茎高30～50厘米。掌状复叶3～6片轮生于茎顶。伞形花序单个顶生，其下偶有一至数个侧生小伞形花序。果为扁球形，成熟时呈红色，先端有黑点。

物候期　花期7～8月，果期9～10月。

生长环境　在贡嘎山分布于康定市、九龙县、泸定县、石棉县的山地灌丛中。

摄影／张树仁

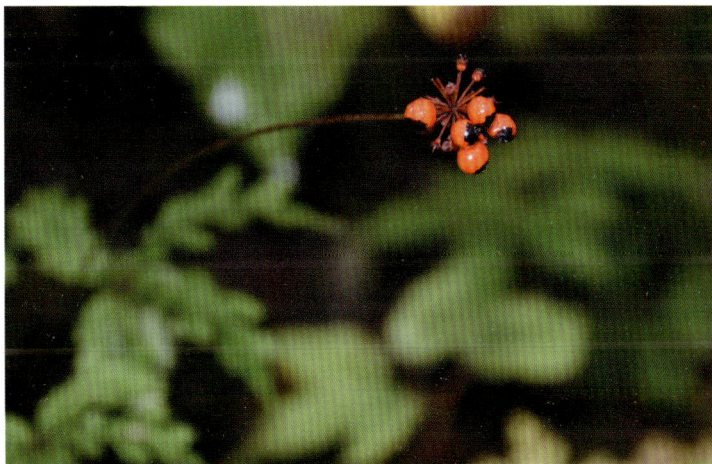

竹节参 *Panax japonicus*

五加科　Araliaceae
人参属　*Panax*

保护级别　国家二级重点保护野生植物。

形态特征　多年生草本。主根肉质，圆柱形或纺锤形，淡黄色。根状茎很短。茎高30～60厘米。掌状复叶3～6片轮生于茎顶；小叶3～5片，中央一片最大。伞形花序单个顶生；花小，淡黄绿色。果为扁球形，成熟时呈鲜红色。

物 候 期　花期5～6月，果期7～9月。

生长环境　在贡嘎山分布于康定市、九龙县、泸定县、石棉县的山坡、山谷林下阴湿处或竹林阴湿沟边。

摄影 / 张树仁

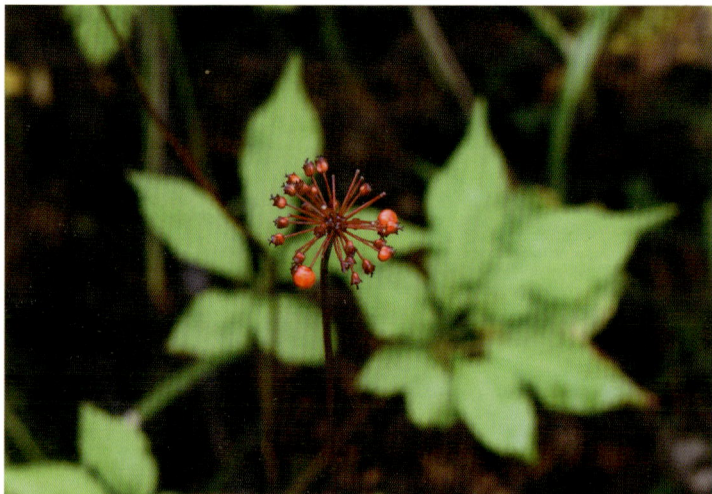

绵头雪兔子 *Saussurea laniceps*

菊科 Asteraceae
风毛菊属 *Saussurea*

保护级别 国家二级重点保护野生植物。

形态特征 多年生一次结实有茎草本。根呈黑褐色，粗壮，垂直延伸。茎高14～36厘米，上部被白色或淡褐色的稠密棉毛，基部有残存的褐色叶柄。叶极密集，倒披针形、狭匙形或长椭圆形，顶端急尖或渐尖，基部楔形渐狭成叶柄；叶柄长达8厘米，边缘全缘或呈浅波状，上面被蛛丝状棉毛，后脱毛，下面密被褐色绒毛。头状花序多数，无小花梗，在茎端密集成圆锥状穗状花序；苞叶为线状披针形，两面密被白色棉毛。小花呈白色。瘦果为圆柱状。

物候期 花果期8～10月。

生长环境 在贡嘎山分布于九龙县海拔3200～5280米的高山流石滩。

摄影 / 王进

水母雪兔子 *Saussurea medusa*

菊科 Asteraceae
风毛菊属 *Saussurea*

保护级别

国家二级重点保护野生植物。

形态特征

多年生多次结实草本。茎直立，密被白色棉毛。叶密集，茎下部叶为倒卵形、扇形、圆形、长圆形或菱形；上部叶为卵形或卵状披针形；最上部叶为线形或线状披针形，边缘有细齿；叶两面均呈灰绿色，被白色长棉毛。头状花序多数，在茎端密集成半球形的总花序，无小花梗，苞叶为线状披针形，两面被白色长棉毛。小花呈蓝紫色。瘦果为纺锤形，浅褐色。

物候期

花果期7～9月。

生长环境

在贡嘎山分布于康定市、九龙县海拔3000～5600米的多砾石山坡、高山流石滩。

摄影 / 张树仁

近似小檗 *Berberis approximata*

小檗科 Berberidaceae
小檗属 *Berberis*

形态特征

落叶灌木，高1~1.5米。老枝呈棕黑色，有条棱，无毛，有稀疏棕褐色疣点，幼枝带红褐色；茎刺三分叉，灰色或淡黄色，腹面具有浅槽。叶纸质，狭倒卵形、倒卵形或狭椭圆形，先端圆形或急尖，基部楔形，上面呈淡绿色，近无脉或微显，背面被白粉，网脉显著，叶缘平展，全缘或每边有1~7刺齿。花单生，黄色。萼片2轮，外萼片为椭圆形，内萼片为倒卵形；花瓣为倒卵形或椭圆形。浆果为卵球形，红色。

物候期

花期5~6月，果期9~10月。

生长环境

在贡嘎山分布于海拔2900~4300米的灌丛、山坡、林缘或林中。

摄影 / 张树仁

川八角莲 *Dysosma veitchii*

小檗科 Berberidaceae
鬼臼属 *Dysosma*

保护级别 国家二级重点保护野生植物。

形态特征 多年生草本，植株高20~65厘米。根状茎短且横走，须根较粗壮。叶2枚，对生，纸质，盾状，轮廓近圆形；4~5深裂达中部，裂片为楔状矩圆形，先端3浅裂，小裂片为三角形，先端渐尖，上面呈暗绿色，有时带暗紫色，无毛，背面呈淡黄绿色或暗紫红色，沿脉疏被柔毛，后脱落，叶缘有稀疏小腺齿。伞形花序有2~6朵花，着生于两叶柄交叉处，有时无花序梗，呈簇生状。花较大，暗紫红色。萼片6枚，长圆状倒卵形。花瓣6片，紫红色，长圆形，先端圆钝。浆果为椭圆形。

物候期 花期4~5月，果期6~9月。

生长环境 在贡嘎山分布于泸定县、石棉县的山谷林下、沟边或阴湿处。

摄影 / 邹滔

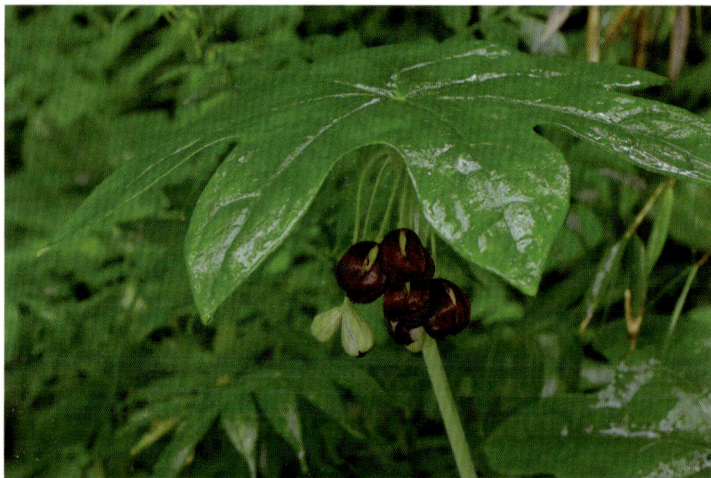

桃儿七 *Sinopodophyllum hexandrum*

小檗科 Berberidaceae
桃儿七属 *Sinopodophyllum*

保护级别

国家二级重点保护野生植物。

形态特征

多年生草本，植株高20～50厘米。根状茎粗短，节状，多须根。茎直立，单生，有纵棱，无毛，基部被褐色大鳞片。叶2枚，薄纸质，非盾状，基部心形；3～5深裂达中部，裂片不裂或有时2～3小裂，裂片先端急尖或渐尖，上面无毛，背面被柔毛，边缘有粗锯齿。花大，单生，先叶开放，两性，整齐，粉红色。萼片6枚，早萎；花瓣6片，倒卵形或倒卵状长圆形。浆果为卵圆形，成熟时呈橘红色。

物候期

花期5～6月，果期7～9月。

生长环境

在贡嘎山分布于康定市、九龙县海拔2200～4300米的林下、林缘湿地、灌丛或草丛中。

摄影 / 张树仁

黄波罗花 *Incarvillea lutea*

紫葳科 Bignoniaceae
角蒿属 *Incarvillea*

形态特征

多年生草本，有茎，高达1米，全株被淡褐色细柔毛。根肉质。叶一回羽状分裂，多数着生于茎的下部；侧生小叶6～9对，椭圆状披针形，两端钝，边缘有粗锯齿。顶生总状花序有5～12朵花；小苞片2枚，线形；花萼钟状，绿色，有紫色斑点，脉呈深紫色；花冠呈黄色，基部为深黄色至淡黄色，有紫色斑点及褐色条纹。蒴果木质，披针形，淡褐色。

物候期

花期5～8月，果期9～11月。

生长环境

在贡嘎山分布于海拔2000～3350米的高山草坡或针阔叶混交林下。

摄影 / 张树仁

长梗同钟花 *Homocodon pedicellatus*

桔梗科 Campanulaceae
同钟花属 *Homocodon*

保护级别　贡嘎山特有种。

形态特征　一年生匍匐草本，全体无毛，无地下根状茎。茎细长，有3条纵翅，主茎腋间有极短的分枝，并有几片叶子，好似几片叶子簇生。叶互生，叶片为三角状圆形或卵圆形，基部近于平截形，顶端急尖，边缘有尖锯齿。花明显有梗，花大；花柱明显伸出花冠外。花萼筒部为卵状，裂片为狭三角形；花冠呈白色、淡蓝色或淡紫色，管状钟形，深裂略过半，裂片为条状长圆形。果实为卵圆状。

物　候　期　花果期4~8月。

生长环境　在贡嘎山分布于沟边、林下、灌丛边及山坡草地中。

摄影 / 贡嘎山管理局

甘松 *Nardostachys jatamansi*

忍冬科 Caprifoliaceae
甘松属 *Nardostachys*

保护级别

国家二级重点保护野生植物。

形态特征

多年生草本，高5~50厘米。根状茎木质、粗短，直立或斜升，下面有粗长主根，密被叶鞘纤维，有烈香。叶丛生，长匙形或线状倒披针形。茎生叶1~2对，下部的叶呈椭圆形至倒卵形，基部下延成叶柄，上部的叶呈倒披针形至披针形，有时有疏齿，无柄。花茎旁出，花序为聚伞形状，顶生。花萼5齿裂，果时常增大。花冠呈紫红色、钟形。瘦果为倒卵形。

物候期

花期6~8月。

生长环境

在贡嘎山分布于康定市、九龙县海拔2600~5000米的高山灌丛、草地。

摄影/张树仁

康定梅花草 *Parnassia kangdingensis*

卫矛科 Celastraceae
梅花草属 *Parnassia*

保护级别 贡嘎山特有种。

形态特征 矮小草本，高1.5～3.5厘米。根状茎为长圆形。基生叶3～5片，有柄；叶片卵状肾形，先端圆，基部心形，全缘，边上有一圈薄膜质，上面呈褐绿色，下面呈淡绿色。茎通常为1条，在近花处有1叶，茎生叶与基生叶同形。花单生于茎顶；萼筒浅；萼片为卵状长圆形；花瓣呈白色，倒卵形，先端圆，边有密细齿，有时基部有极短流苏状毛，被紫褐色小点。

物 候 期 花期7月。

生长环境 在贡嘎山分布于康定市的林边草坡上。

摄影 / 王进

连香树 *Cercidiphyllum japonicum*

连香树科 Cercidiphyllaceae
连香树属 *Cercidiphyllum*

保护级别 国家二级重点保护野生植物。

形态特征 落叶大乔木，高10～20米。树皮为灰色或棕灰色。小枝无毛，短枝在长枝上对生；芽鳞片为褐色。生于短枝上的叶近圆形、宽卵形或心形，生于长枝上的叶为椭圆形或三角形。花两性，雄花常4朵丛生，近无梗；苞片在花期呈红色，膜质，卵形；雌花2～8朵，丛生。蓇葖果2～4个，荚果状。

物候期 花期4月，果期8月。

生长环境 在贡嘎山分布于康定市、九龙县、泸定县、石棉县的山谷边缘或林中开阔地的杂木林中。

摄影 / 张树仁

独叶草 *Kingdonia uniflora*

星叶草科 Circaeasteraceae
独叶草属 *Kingdonia*

保护级别 国家二级重点保护野生植物。

形态特征 多年生小草本，无毛。根状茎细长，自顶端芽中生出1片叶和1条花葶；芽鳞约3个，膜质，卵形。叶基生，有长柄，叶片为心状圆形，5全裂，中、侧全裂片3浅裂，最下面的全裂片不等2深裂，顶部边缘有小牙齿，背面呈粉绿色。花单生葶端，两性；萼片4～6枚，淡绿色，卵形；无花瓣。瘦果扁，窄倒披针形，向下反曲。

物 候 期 花期5～6月。

生长环境 在贡嘎山分布于泸定县海拔2750～3900米的山地冷杉林下或杜鹃灌丛下。

摄影 / 张树仁

菊叶红景天 *Rhodiola chrysanthemifolia*

景天科 Crassulaceae
红景天属 *Rhodiola*

形态特征

多年生草本。主根粗，分枝。根茎长，在地上的部分及先端被鳞片，鳞片为三角形。花茎顶端着叶。叶为长圆形、卵形或卵状长圆形，先端钝，基部楔形，边缘羽状浅裂。伞房状花序，紧密；花两性；苞片为圆匙形；萼片5枚，线形至三角状线形，或狭三角状卵形；花瓣5片，长圆状卵形。蓇葖果，披针形。

物候期

花期8月，果期9～10月。

生长环境

在贡嘎山分布于海拔3200～4200米的山坡石缝中。

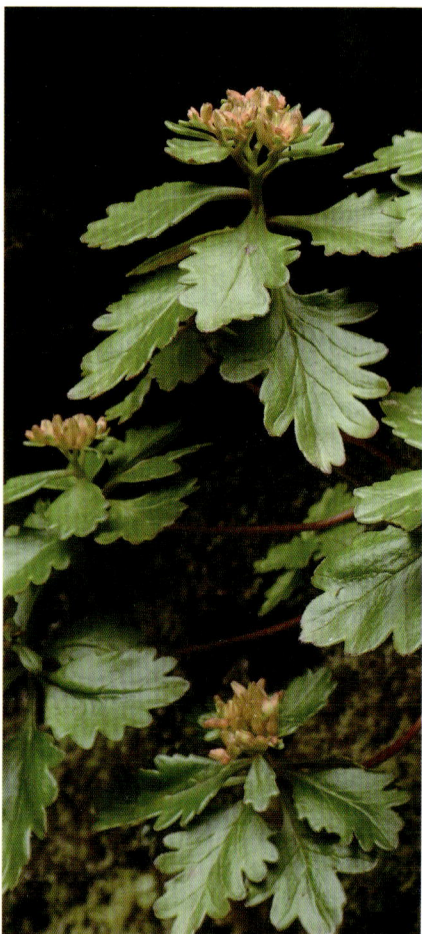

摄影 / 张宪春

大花红景天 *Rhodiola crenulata*

景天科 Crassulaceae
红景天属 *Rhodiola*

保护级别　国家二级重点保护野生植物。

形态特征　多年生草本。地上的根茎短，残存花枝茎少数，黑色。不育枝直立，先端密着叶，叶为宽倒卵形。花茎多，直立或呈扇状排列。叶有短的假柄，椭圆状长圆形至圆形。花序伞房状，有多花，有苞片；花大形，有长梗，雌雄异株。花瓣5片，红色，倒披针形。蓇葖果，直立。

物候期　花期6～7月，果期7～8月。

生长环境　在贡嘎山分布于康定市、九龙县、泸定县海拔2800～5600米的山坡草地、灌丛、石缝中。

摄影 / 张树仁

长鞭红景天 *Rhodiola fastigiata*

景天科 Crassulaceae
红景天属 *Rhodiola*

保护级别 国家二级重点保护野生植物。

形态特征 多年生草本。根茎长达50厘米，不分枝或少分枝。花茎4~10条，着生于主轴顶端，叶密生。叶互生，呈线状长圆形、线状披针形、椭圆形至倒披针形。花序伞房状；雌雄异株；花密生；萼片5枚，线形或长三角形；花瓣5片，红色，长圆状披针形。蓇葖果，直立，先端稍外弯。

物 候 期 花期6~8月，果期9月。

生长环境 在贡嘎山分布于康定市、九龙县、泸定县海拔2500~5400米的山坡石上。

摄影 / 黄科

四裂红景天 *Rhodiola quadrifida*

景天科 Crassulaceae
红景天属 *Rhodiola*

保护级别 国家二级重点保护野生植物。

形态特征 多年生草本，主根长达18厘米。根茎直径为1~3厘米，分枝，黑褐色，先端被鳞片。花茎细，直立，叶密生。叶互生，无柄，线形。伞房状花序有少数花；萼片4枚，线状披针形；花瓣4，紫红色，长圆状倒卵形。蓇葖果，披针形，直立，有先端反折的短喙，成熟时呈暗红色。

物候期 花期5~6月，果期7~8月。

生长环境 在贡嘎山分布于康定市、九龙县、泸定县海拔2900~5100米的沟边、山坡石缝中。

摄影／王进

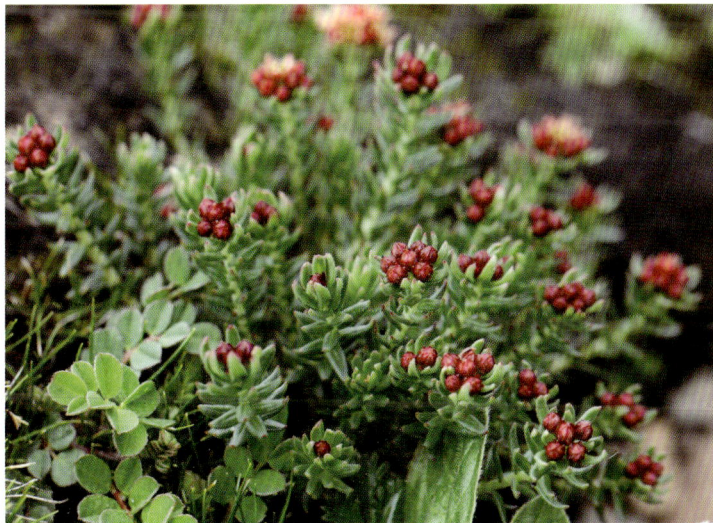

云南红景天 *Rhodiola yunnanensis*

景天科 Crassulaceae
红景天属 *Rhodiola*

保护级别

国家二级重点保护野生植物。

形态特征

多年生草本。根茎粗长，不分枝或少分枝，先端被卵状三角形鳞片。花茎单生或少数着生，无毛，直立。3叶轮生，稀对生，卵状披针形、椭圆形、卵状长圆形至宽卵形。聚伞圆锥花序，多次三叉分枝；雌雄异株，稀两性花。雄花小且多；萼片4枚，披针形；花瓣4片，黄绿色，匙形。雌花萼片4枚、花瓣4片，绿色或紫色，线形。蓇葖果呈星芒状排列。

物候期

花期5～7月，果期7～8月。

生长环境

在贡嘎山分布于康定市、九龙县、泸定县、石棉县海拔2000～4000米的山坡林下。

摄影／张磊

问客杜鹃 *Rhododendron ambiguum*

杜鹃花科 Ericaceae
杜鹃花属 *Rhododendron*

形态特征 灌木，高1~3米。幼枝细长，密被腺体状鳞片。叶革质，椭圆形、卵状披针形或长圆形，顶端渐尖、尖锐或钝，有短尖头，基部宽楔形至钝形，上面被鳞片。花序顶生，稀同时腋生枝顶，有3~7朵花，伞形着生或呈短总状；花萼为环状或波状浅裂；花冠呈黄色、淡黄色或淡绿黄色，内面有黄绿色斑点和微柔毛，宽漏斗状，略两侧对称。蒴果为长圆形。

物候期 花期5~6月，果期9~10月。

生长环境 在贡嘎山分布于海拔2300~4500米的灌丛或林地。

摄影 / 张树仁

美容杜鹃 *Rhododendron calophytum*

杜鹃花科 Ericaceae
杜鹃花属 *Rhododendron*

形态特征 常绿灌木或小乔木，高2～12米。树皮为黄灰色或棕褐色，片状剥落。幼枝粗壮，呈绿色或带紫色，被白色绒毛，不久后脱净。叶厚革质，长圆状倒披针形或长圆状披针形，先端突尖成钝圆形，基部渐狭成楔形，边缘微反卷，上面呈亮绿色，无毛，下面呈淡绿色。顶生短总状伞形花序，有15～30朵花；苞片呈黄白色，狭长形；花萼小，无毛，裂片5枚，宽三角形；花冠为阔钟形，白色或粉红色，基部略膨大，内面基部上方有1枚紫红色斑块，裂片5～7枚，不整齐。蒴果斜生于果梗上，长圆柱形至长圆状椭圆形。

物 候 期 花期4～5月，果期9～10月。

生长环境 在贡嘎山分布于海拔1500～4000米的森林中或冷杉林下。

摄影 / 贡嘎山管理局

凹叶杜鹃 *Rhododendron davidsonianum*

杜鹃花科 Ericaceae
杜鹃花属 *Rhododendron*

形态特征 灌木，高1～3米。幼枝细长，疏生、稀密生鳞片，无毛或有微柔毛。叶为披针形或长圆形，顶端尖锐，有短尖头，基部渐狭或钝，整个叶片成"V"字形凹，上面呈暗绿色或鲜绿色，疏生鳞片，无毛或沿中脉有微毛，下面密被鳞片，鳞片不等大，黄褐色。花序顶生或同时枝顶腋生，有3～6朵花，短总状；花萼环状或5裂；花冠宽漏斗状，略两侧对称，淡紫白色或玫瑰红色，内面有红色、黄色或褐黄色斑点，外面有或无鳞片。蒴果为长圆形。

物候期 花期4～5月，果期9～10月。

生长环境 在贡嘎山分布于海拔1500～3600米的灌丛、林间空地或松林。

摄影／贡嘎山管理局

黄花杜鹃 *Rhododendron lutescens*

杜鹃花科 Ericaceae
杜鹃花属 *Rhododendron*

形态特征

灌木，高1～3米。幼枝细长，疏生鳞片。叶散生，叶片纸质，披针形、长圆状披针形或卵状披针形，顶端长渐尖或近尾尖，有短尖头，基部圆形或宽楔形，上面疏生鳞片，下面鳞片呈黄色或褐色。花有1～3朵顶生或生于枝顶叶腋；宿存的花芽鳞呈覆瓦状排列；花萼不发育，波状5裂或环状；花冠宽漏斗状，略呈两侧对称，黄色，5裂至中部，裂片为长圆形，外面疏生鳞片，密被短柔毛。蒴果为圆柱形。

物候期

花期3～4月。

生长环境

在贡嘎山分布于海拔1700～2000米的杂木林湿润处或石灰岩山坡灌丛中。

团叶杜鹃 *Rhododendron orbiculare*

杜鹃花科 Ericaceae
杜鹃花属 *Rhododendron*

形态特征　常绿灌木，高达5米。树皮为褐色。幼枝为绿色，无毛，老枝为黄褐色。叶厚革质，阔卵形至圆形，先端钝圆且有小突尖头，基部心状耳形，耳片常互相叠盖，上面呈深绿色，下面呈淡绿色至灰白色。顶生伞房花序疏松，有7～8朵花；花萼小，波状浅裂，绿色带红色；花冠钟形，红蔷薇色，无毛，裂片7枚，宽卵形。蒴果为圆柱形，弯曲。

物候期　花期5～6月，果期8～10月。

生长环境　在贡嘎山分布于海拔1500～4000米的岩石上或针叶林下。

摄影 / 张树仁

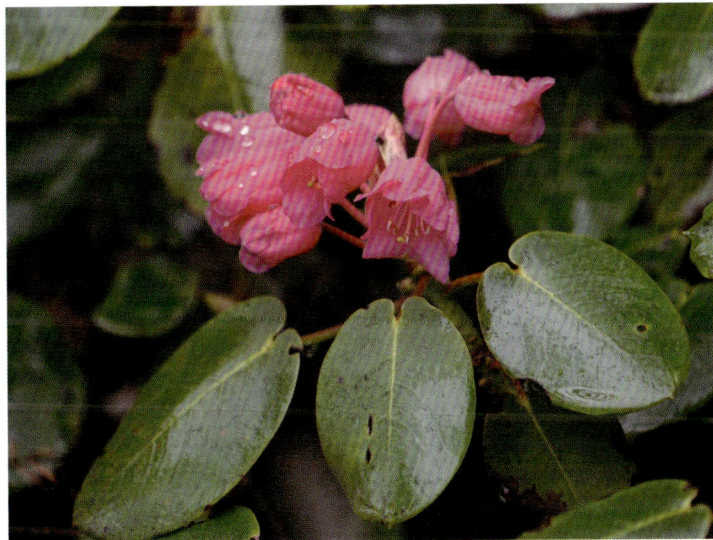

白碗杜鹃 *Rhododendron souliei*

杜鹃花科 Ericaceae
杜鹃花属 *Rhododendron*

形态特征 常绿灌木，高1.5～2.0米。当年生枝呈嫩绿色，有稀疏红色腺体；老枝呈灰白色，光滑无毛，树皮有时层状剥落。叶革质，卵形至矩圆状椭圆形，先端圆形，有凸起的小尖头，基部微心形或近于圆形，上面呈深绿色，下面呈淡绿色或淡灰绿色。总状伞形花序，有5～7朵花；花萼大，5裂，萼片卵形；花冠钟状、碗状或碟状，中部宽阔，乳白色或粉红色，5裂，裂片近圆形。蒴果呈圆柱状。

物候期 花期6～7月，果期8～9月。

生长环境 在贡嘎山分布于海拔3000～3800米的山坡、冷杉林下及灌木丛中。

摄影／贡嘎山管理局

亮叶杜鹃 *Rhododendron vernicosum*

杜鹃花科 Ericaceae
杜鹃花属 *Rhododendron*

形态特征

常绿灌木或小乔木，高达5米。树皮为灰色至灰褐色。幼枝呈淡绿色，有时有少数腺体，后即秃净，老枝呈灰褐色。叶革质，长圆状卵形至长圆状椭圆形，先端钝至宽圆形，基部宽或近圆形，上面呈深绿色，微被蜡质，无毛，下面呈灰绿色。顶生总状伞形花序，有6～10朵花；花萼小，淡绿色或紫红色，肉质，裂片7枚，圆形至三角形；花冠宽漏斗状钟形，有闷人气味，淡红色至白色，无毛，内面有或无深红色小斑点，裂片7枚，近圆形。蒴果为长圆柱形，斜生于果梗上，微弯曲。

物候期

花期4～6月，果期8～10月。

生长环境

在贡嘎山分布于海拔2650～4300米的森林中。

摄影 / 贡嘎山管理局

野大豆 *Glycine soja*

豆科 Fabaceae
大豆属 *Glycine*

保护级别 国家二级重点保护野生植物。

形态特征 一年生缠绕草本，长1~4米。茎、小枝纤细，全体疏被褐色长硬毛。叶有3小叶；托叶为卵状披针形，急尖，被黄色柔毛；顶生小叶为卵圆形或卵状披针形；侧生小叶为斜卵状披针形。总状花序通常较短，花小。苞片为披针形；花萼钟状，密生长毛，裂片5枚，三角状披针形，先端尖锐；花冠呈淡红紫色或白色，旗瓣近圆形，先端微凹，基部有短瓣柄，翼瓣为斜倒卵形，有明显的耳，龙骨瓣比旗瓣及翼瓣短小，密被长毛。荚果为长圆形，稍弯，两侧稍扁。

物候期 花期7~8月，果期8~10月。

生长环境 在贡嘎山分布于泸定县潮湿的田边、园边、沟旁、河岸、湖边、沼泽、草甸向阳的矮灌木丛或芦苇丛中，稀见于沿河岸疏林下。

摄影 / 张磊

红豆树 *Ormosia hosiei*

豆科 Fabaceae
红豆属 *Ormosia*

保护级别　国家二级重点保护野生植物。

形态特征　常绿或落叶乔木，高达20～30米。树皮为灰绿色，平滑。小枝为绿色，幼时有黄褐色细毛，后变光滑；冬芽有褐黄色细毛。奇数羽状复叶，小叶2～4对，薄革质，卵形或卵状椭圆形，稀近圆形。圆锥花序顶生或腋生，下垂；花疏，有香气。花萼钟形，浅裂，萼齿三角形，紫绿色，密被褐色短柔毛；花冠呈白色或淡紫色，旗瓣倒卵形。荚果近圆形，扁平。

物 候 期　花期4～5月，果期10～11月。

生长环境　在贡嘎山分布于九龙县的河畔、山坡和山谷林内。

摄影／黄科

寸金草 *Clinopodium megalanthum*

唇形科　Lamiaceae
风轮菜属　*Clinopodium*

形态特征　茎多数，高达60厘米，基部匍匐，带紫红色，密被平展的白色糙硬毛或微柔毛。叶三角状卵形或披针形，基部圆形或浅心形，有圆齿状锯齿。轮伞花序有多花，半球形；苞片针状；花萼密被腺点，沿脉被糙硬毛，喉部内面被白色柔毛；花冠呈粉红色或紫色，被微柔毛，喉部有两行柔毛。小坚果为倒卵球形。

物　候　期　花期7～9月，果期8～11月。

生长环境　在贡嘎山分布于海拔2300～3200米的山坡、草地、灌丛及林下。

摄影 / 张树仁

柴续断 *Phlomoides szechuanensis*

唇形科 Lamiaceae
糙苏属 *Phlomoides*

形态特征 多年生草本。茎多分枝，四棱形，具有深槽及细条纹，密被灰黄色星状短柔毛。上部茎生叶为卵形，先端急尖，基部截状阔楔形，边缘为锯齿状。轮伞花序有多花，2～5个花序生于主茎及分枝上，明显有总梗；苞片线形，草质；花萼管状；花冠呈白色。小坚果无毛。

物 候 期 花期8月。

生长环境 在贡嘎山分布于海拔2000米的草地上。

摄影 / 金效华

油樟 *Cinnamomum longepaniculatum*

樟科 Lauraceae
樟属 *Cinnamomum*

保护级别　国家二级重点保护野生植物。

形态特征　乔木,高达20米。树皮为灰色,光滑。枝条圆柱形,无毛,幼枝纤细,无毛。芽大,卵珠形。叶互生,卵形或椭圆形,薄革质,上面呈深绿色,光亮,下面呈灰绿色,晦暗。圆锥花序腋生,纤细;花呈淡黄色,有香气。花被筒为倒锥形,花被裂片6枚,卵圆形。果为球形。

物 候 期　花期5~6月,果期7~9月。

生长环境　在贡嘎山分布于泸定县的常绿阔叶林中。

摄影 / 黄科

西康天女花 *Oyama wilsonii*

木兰科 Magnoliaceae
天女花属 *Oyama*

保护级别　国家二级重点保护野生植物。

形态特征　落叶灌木或小乔木，高达8米。树皮为灰褐色，具有明显的皮孔。当年生枝呈紫红色，初被褐色长柔毛，老枝为灰色。叶纸质，椭圆状卵形或长圆状卵形。花与叶同时开放，白色，芳香，初杯状，盛开成碟状。花被9~12片，宽匙形或倒卵形。聚合果下垂，圆柱形，成熟时呈红色，后转为紫褐色，蓇葖有喙。

物候期　花期5~6月，果期9~10月。

生长环境　在贡嘎山分布于康定市、泸定县海拔1900~3300米的山林间。

摄影 / 张树仁

光叶玉兰 *Yulania dawsoniana*

木兰科 Magnoliaceae
玉兰属 *Yulania*

形态特征 又名康定市木兰，落叶乔木，高达20米。小枝为黄绿色至黄褐色，无毛，或被细毛，疏生皮孔。叶纸质，倒卵形或椭圆状倒卵形。花芳香，先于叶开放。花被9～12片，白色，外面带红色，狭长圆状匙形或倒卵状长圆形。聚合果为圆柱形。

物 候 期 花期4～5月，果期9～10月。

生长环境 在贡嘎山分布于康定市、泸定县、石棉县海拔1400～2500米的林间。

摄影 / 邹滔

新粗管马先蒿 *Pedicularis delavayi*

列当科 Orobanchaceae
马先蒿属 *Pedicularis*

形态特征 多年生草本，低矮，干时稍变黑。根茎短，发出略为肉质的支根。茎常不存在，或有时伸长达2~4厘米，软弱弯曲，黑色，无毛或光滑。叶多基生，叶片为披针状长圆形至狭披针形，羽状全裂，裂片每边6~8枚，卵形至长圆形。花单生于叶腋，形成假对，萼管前方开裂至3/4，裂口强烈膨大；花冠呈红紫色，外面被有伸展的浅紫色短毛。

物候期 花期6~8月。

生长环境 在贡嘎山分布于海拔4700米的高山草地中。

摄影/张树仁

四川牡丹 *Paeonia decomposita*

芍药科 Paeoniaceae
芍药属 *Paeonia*

保护级别　国家二级重点保护野生植物。

形态特征　灌木，各部均无毛。茎高0.7～1.5米，树皮为灰黑色，片状脱落，分枝为圆柱形，基部有宿存的鳞片。叶为三至四回三出复叶，顶生小叶为卵形或倒卵形；侧生小叶为卵形或菱状卵形。花单生于枝顶；苞片3～5枚，大小不等，线状披针形；萼片3～5枚，倒卵形，绿色，顶端骤尖；花瓣9～12片，玫瑰色、红色，倒卵形。

物 候 期　花期4月下旬～6月上旬。

生长环境　在贡嘎山分布于康定市、九龙县海拔2400～3100米的山坡、河边草地或丛林中。

摄影 / 黄科

滇牡丹 *Paeonia delavayi*

芍药科 Paeoniaceae
芍药属 *Paeonia*

保护级别 国家二级重点保护野生植物。

形态特征 亚灌木，全体无毛。茎高1.5米；当年生小枝草质，小枝基部有数枚鳞片。叶为二回三出复叶，叶片轮廓为宽卵形或卵形，羽状分裂，裂片为披针形至长圆状披针形。花2~5朵，生于枝顶和叶腋；苞片3~6枚，披针形，大小不等；萼片3~4枚，宽卵形，大小不等；花瓣9~12片，红色、红紫色，倒卵形。果为蓇葖果。

物 候 期 花期5~6月，果期8~9月。

生长环境 在贡嘎山分布于康定市、九龙县海拔2300~3700米的山地阳坡及草丛中。

摄影 / 邹滔

金荞麦 *Fagopyrum dibotrys*

蓼科 Polygonaceae
荞麦属 *Fagopyrum*

保护级别 国家二级重点保护野生植物。

形态特征 多年生草本。根状茎木质化，黑褐色。茎直立，分枝，有纵棱，无毛。叶为三角形，顶端渐尖，基部近戟形，边缘全缘，两面有乳头状突起或被柔毛。花序伞房状，顶生或腋生；苞片为卵状披针形，顶端尖，边缘膜质；花被5深裂，白色，花被片为长椭圆形。瘦果为宽卵形，有3条锐棱，黑褐色。

物 候 期 花期7~9月，果期8~10月。

生长环境 在贡嘎山分布于康定市、泸定县的山谷湿地和山坡灌丛。

摄影 / 张树仁

深紫报春 *Primula melanantha*

报春花科 Primulaceae
报春花属 *Primula*

保护级别

贡嘎山特有种。

形态特征

多年生草本植物。根状茎短而厚，密被重叠的卵状披针形鳞片。叶为莲座状；叶柄宽翅，远长于花期基部鳞片；叶片为倒披针形，基部渐狭窄，边缘有圆齿状小齿，背面疏生或几乎无短柔毛，正面密被短柔毛。伞形花序，花朵多；苞片基部为三角形，渐尖。花异形。花萼为钟状，中部及以上分裂；裂片为披针形，有短缘毛，先端尖锐。花冠呈深紫色。

物候期

花期5~6月。

生长环境

在贡嘎山分布于海拔3500米的草地、山坡。

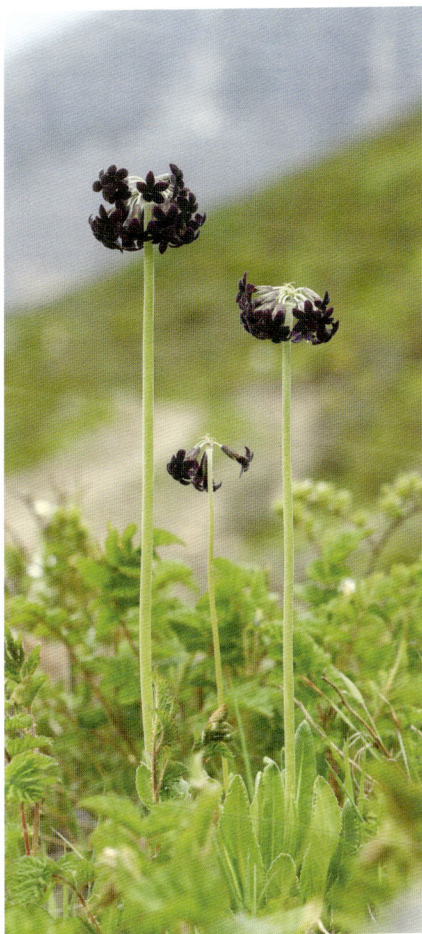

摄影 / 邹滔

大渡乌头 *Aconitum franchetii*

毛茛科 Ranunculaceae
乌头属 *Aconitum*

形态特征

块根为胡萝卜形。茎高达1.2米，疏被反曲而紧贴的短柔毛，等距地生叶，分枝。叶片为心状五角形，3深裂，中央深裂片为菱形，侧深裂片为斜扇形，不等2裂，无毛或疏被短柔毛。顶生总状花序，有7～20朵花；中部以下的苞片呈叶状，有短柄，上部的苞片极小，线形；萼片呈蓝色，外面无毛，上萼片为盔形；花瓣无毛。

物候期

花期7～8月。

生长环境

在贡嘎山分布于康定市海拔3400～4000米的山地草坡或林中。

摄影 / 张树仁

疏叶乌头 *Aconitum laxifoliatum*

毛茛科 Ranunculaceae
乌头属 *Aconitum*

保护级别

贡嘎山特有种。

形态特征

植草本植物，约60厘米高。未见根状茎和基生叶。茎纤细，下面无毛，上面疏生微柔毛。下部茎生叶，叶片纸质，五角形，基部深心形，3裂。总状花序顶生；下部苞片为叶形，上部苞片为线形。萼片呈蓝紫色，无毛；上萼片为舟形；侧萼片为倒卵形；下萼片为倒披针形。花瓣2片，无毛。

物候期

花期9月。

生长环境

在贡嘎山分布于康定市折多山海拔4187米的灌丛。

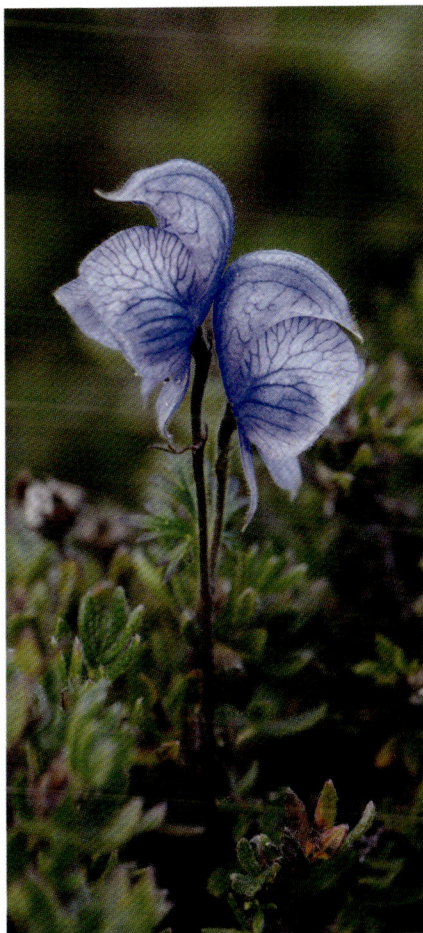

摄影 / 张树仁

细盔乌头 *Aconitum tenuigaleatum*

毛茛科 Ranunculaceae
乌头属 *Aconitum*

保护级别 贡嘎山特有种。

形态特征 多年生草本植物，高约50厘米。茎无毛，基生5叶，叶片纸质，肾形，3裂略超过叶片的中部，表面正面密被贴伏微柔毛，背面无毛。顶生总状花序，有12朵花；侧生总状花序，有6朵花。基生苞片为叶状；其他苞片为线形。萼片呈蓝紫色；上部萼片为高盔状；侧萼片为圆形或倒卵形；下萼片为舟状长圆形。花瓣2片，无毛。

物候期 花期9月。

生长环境 在贡嘎山分布于九龙县汤谷乡猎塔湖海拔4128米的溪边湿地。

摄影 / 张树仁

毛翠雀花 *Delphinium trichophorum*

毛茛科 Ranunculaceae
翠雀属 *Delphinium*

形态特征

茎高25~65厘米，被糙毛，有时变为无毛。叶3~5片生于茎的基部或近基部处，有长柄；叶片为肾形或圆肾形，深裂片互相覆压或稍分开，两面疏被糙伏毛，有时变为无毛。总状花序狭长；下部苞片似叶，有短柄，上部苞片变小，披针形，全缘；萼片呈淡蓝色或紫色，内外两面均被长糙毛，上萼片为船状卵形，末端钝；花瓣顶端微凹或2浅裂，无毛，偶尔疏被硬毛。

物候期

花期8~10月。

生长环境

在贡嘎山分布于海拔3350~4600米的高山草坡、灌丛、林下、河滩或多石砾山坡。

摄影 / 张树仁

九龙唐松草 *Thalictrum jiulongense*

毛茛科 Ranunculaceae
唐松草属 *Thalictrum*

保护级别 贡嘎山特有种。

形态特征 多年生草本，高约65厘米，完全无毛。叶为四回三出羽状复叶，小叶纸质或薄革质，顶生小叶为楔状倒卵形、宽倒卵形、近圆形或狭菱形，基部楔形至圆形，3浅裂或有疏牙齿，偶尔不裂，背面呈淡绿色。聚伞花序顶生；萼片4枚，白色，狭长圆形。

物 候 期 花期7月。

生长环境 在贡嘎山分布于九龙县纳布厂磨子沟海拔3836米的山坡。

摄影 / 张树仁

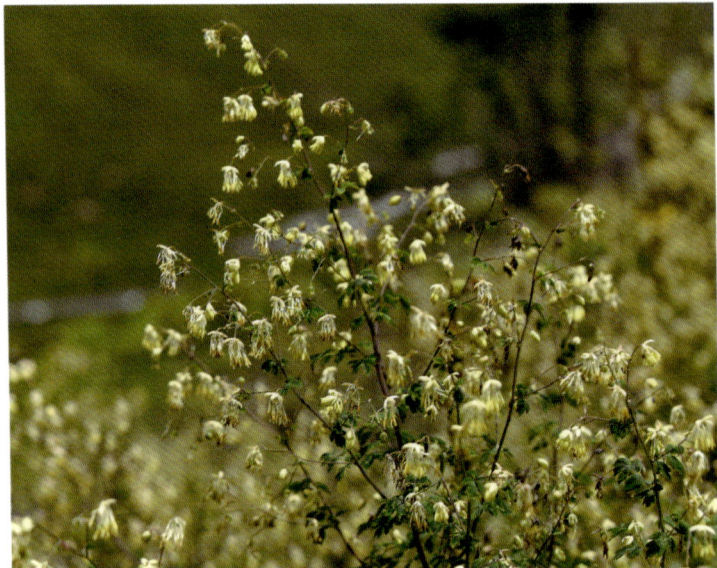

康定唐松草 *Thalictrum kangdingense*

毛茛科 Ranunculaceae
唐松草属 *Thalictrum*

保护级别 贡嘎山特有种。

形态特征 多年生草本，高约1.2米，完全无毛。茎在上面分枝。上部茎生叶为二至三回三出复叶，叶片为宽卵形；小叶有叶柄，纸质，宽菱形、宽卵形、卵形或倒卵形，3浅裂。聚伞圆锥花序顶生和腋生，较小。下苞片3裂或3浅裂；上苞片不裂，线形；萼片3枚，狭倒卵形，顶端急尖。

物 候 期 花期7月。

生长环境 在贡嘎山分布于康定市巴王海海拔3137米的林下。

摄影 / 祖奎玲

细茎唐松草 *Thalictrum tenuicaule*

毛茛科 Ranunculaceae
唐松草属 *Thalictrum*

保护级别 贡嘎山特有种。

形态特征 多年生草本，高约65厘米，完全无毛，茎纤细。叶薄革质，倒卵形、宽菱形或宽椭圆形，基部圆形或宽楔形。单岐聚散花序，只有2~4朵花；萼片4枚，绿白色，椭圆形，3条基出脉均一回二岐分枝。

物候期 花期7月。

生长环境 在贡嘎山分布于泸定县海螺沟4号营地海拔3715米的高山草甸。

摄影 / 杨永

变叶海棠 *Malus toringoides*

蔷薇科 Rosaceae
苹果属 *Malus*

形态特征 又名贡嘎海棠，于2023年被评选为甘孜藏族自治州的"州花"，灌木至小乔木，高达6米。幼枝被长柔毛，后脱落；冬芽为卵圆形，被柔毛。叶形状变化很大，常为卵形至长椭圆形。花3～6朵，近伞形排列；苞片膜质，线形，早落；萼片为三角状披针形或窄三角形；花瓣呈白色，卵形或长椭倒卵形。果为倒卵圆形或长椭圆形，黄色，有红晕。

物候期 花期4～5月，果期9月。

生长环境 在贡嘎山分布于海拔2000～3000米的山坡丛林中。

摄影 / 贡嘎山管理局

丽江山荆子 *Malus rockii*

蔷薇科 Rosaceae
苹果属 *Malus*

保护级别 国家二级重点保护野生植物。

形态特征 乔木，高8～10米。枝多下垂，小枝为圆柱形，嫩时被长柔毛，逐渐脱落，深褐色，有稀疏皮孔。叶片为椭圆形、卵状椭圆形或长圆卵形，先端渐尖，基部圆形或宽楔形，边缘有不等的紧贴细锯齿。近似伞形花序，有4～8朵花；苞片膜质，披针形，早落；萼筒为钟形，密被长柔毛；萼片为三角披针形；花瓣为倒卵形，白色，基部有短爪。果实为卵形或近球形，红色。

物 候 期 花期5～6月，果期9月。

生长环境 在贡嘎山分布于康定市、九龙县、石棉县海拔2400～3800米的山谷杂木林中。

摄影 / 黄科

火棘 *Pyracantha fortuneana*

蔷薇科 Rosaceae
火棘属 *Pyracantha*

形态特征　常绿灌木，高达3米。侧枝短，先端呈刺状，嫩枝外被锈色短柔毛，老枝为暗褐色，无毛。芽小，外被短柔毛。叶片为倒卵形或倒卵状长圆形，先端圆钝或微凹，有时有短尖头，基部楔形。花集成复伞房花序；萼筒为钟状，无毛；萼片为三角卵形，先端钝；花瓣呈白色，近圆形。果实近球形，橘红色或深红色。

物候期　花期3～5月，果期8～11月。

生长环境　在贡嘎山分布于山地和丘陵地阳坡的灌丛草地及河沟路旁。

摄影 / 张树仁

香果树 *Emmenopterys henryi*

茜草科 Rubiaceae
香果树属 *Emmenopterys*

保护级别　国家二级重点保护野生植物。

形态特征　落叶大乔木，高达30米。树皮为灰褐色，鳞片状；小枝有皮孔，粗壮，扩展。叶纸质或革质，阔椭圆形、阔卵形或卵状椭圆形，顶端短尖或骤然渐尖，稀钝，基部短尖或阔楔形，全缘。圆锥状聚伞花序顶生；花芳香；萼管裂片近圆形，有缘毛，脱落；变态的叶状萼裂片呈白色、淡红色或淡黄色，纸质或革质，匙状卵形或广椭圆形；花冠为漏斗形，白色或黄色。蒴果为长圆状卵形或近纺锤形。

物候期　花期6~8月，果期8~11月。

生长环境　在贡嘎山分布于九龙县、石棉县的山谷林中，喜湿润而肥沃的土壤。

摄影 / 张磊

泸定垫柳 *Salix ludingensis*

杨柳科 Salicaceae
柳属 *Salix*

保护级别　贡嘎山特有种。

形态特征　垫状灌木，主干匍匐，细长，不生根，红褐色。当年生枝为黄褐色，近于直立，高数厘米，密被白色长柔毛，后无毛。芽小，广卵形，被稀疏短柔毛。叶为椭圆形或卵形，先端急尖或稍钝，基部阔楔形。雄花序与叶同时开放，细圆柱形，生于当年枝的顶端。苞片为椭圆形，先端圆形，外面近无毛，内面及边缘被疏长柔毛。

物 候 期　花期6月。

生长环境　在贡嘎山分布于泸定县海拔2400～3600米的山坡。

摄影 / 张树仁

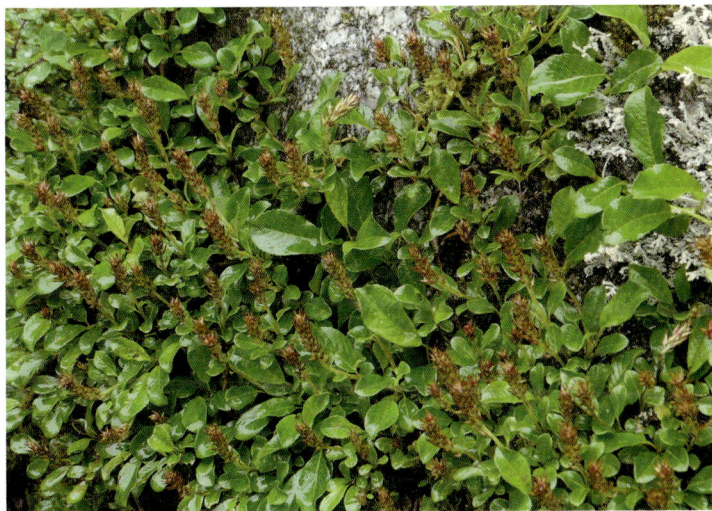

五小叶槭 *Acer pentaphyllum*

无患子科 Sapindaceae
槭属 *Acer*

保护级别 国家二级重点保护野生植物。

形态特征 落叶乔木，高达10米。树皮为深褐色或灰褐色，常裂成不规则的薄片脱落。小枝圆柱形，无毛；当年生枝为紫色，多年生枝为紫褐色，有椭圆形的皮孔。掌状复叶，有4~7片小叶，通常为5片；小叶纸质，披针形，先端尖锐，基部楔形或阔楔形，全缘。伞房花序，由着叶的小枝顶端生出，无毛；花呈淡绿色，杂性，雄花与两性花同株；萼片5枚，长圆卵形；花瓣5片，长圆形或狭长圆形。小坚果呈淡紫色，凸起。

物候期 花期4月，果期9月。

生长环境 在贡嘎山分布于康定市、九龙县海拔2300~2900米的疏林中。

摄影 / 张树仁

枕状虎耳草 *Saxifraga culcitosa*

虎耳草科 Saxifragaceae
虎耳草属 *Saxifraga*

保护级别　贡嘎山特有种。

形态特征　多年生草本，密丛生，高约1厘米。小主轴极多分枝，有莲座叶丛；花茎极短，无叶，仅有1枚苞片，隐藏于基生叶丛中，被褐色卷曲长腺毛。基生叶有柄；叶片稍肉质，近倒披针形，先端有短尖头，腹面微凹陷，背面弓凸，无毛，有3条脉。花单生于茎顶；苞片为线形；萼片在花期直立，狭卵形至近长圆形；花瓣呈橙黄色，狭卵形。

物 候 期　花期7~8月。

生长环境　在贡嘎山分布于海拔4000~5050米的高山草甸和高山碎石隙。

摄影 / 王进

唐古特瑞香 *Daphne tangutica*

瑞香科 Thymelaeaceae
瑞香属 *Daphne*

形态特征 常绿灌木，高达2米。枝粗壮，幼时为灰黄色，一年生枝无毛或微被柔毛，老枝为淡灰色至黄色。叶互生，革质或近革质，披针形、长圆状披针形或倒披针形，先端钝，稀微凹，基部下延，楔形。头状花序顶生；苞片早落，卵形或卵状披针形；花外面呈紫色或紫红色，内面呈白色；萼筒外面无毛，裂片4枚，开展，卵形或卵状披针形。果为卵形或近球形，成熟时呈红色。

物候期 花期4~5月，果期5~7月。

生长环境 在贡嘎山分布于润湿林中。

摄影 / 张树仁

水青树 *Tetracentron sinense*

昆栏树科 Trochodendraceae
水青树属 *Tetracentron*

保护级别 国家二级重点保护野生植物。

形态特征 乔木，高可达30米，全株无毛。树皮为灰褐色或灰棕色，且略带红色，片状脱落。长枝顶生，细长，幼时呈暗红褐色；短枝侧生，距状，基部有叠生环状的叶痕及芽鳞痕。叶片卵状心形，顶端渐尖，基部心形，边缘有细锯齿。花小，呈穗状花序，花序下垂，着生于短枝顶端，多花；花被呈淡绿色或黄绿色。果为长圆形，棕色，沿背缝线开裂。

物 候 期 花期6~7月，果期9~10月。

生长环境 在贡嘎山分布于康定市、泸定县、石棉县海拔1700~3500米的沟谷林及溪边杂木林中。

摄影 / 贡嘎山管理局

附录1

四川贡嘎山国家级自然保护区珍稀野生动物名录（截至2023年）

序号	科	种名	学名	保护级别	IUCN等级
1	鳅科	红尾副鳅	*Paracobitis variegatus*	/	/
2	鳅科	短体副鳅	*Paracobitis potanini*	/	/
3	鳅科	戴氏南鳅	*Schistura dabryi dabryi*	/	NT
4	鳅科	贝氏高原鳅	*Triplophysa bleekeri*	/	/
5	鲤科	齐口裂腹鱼	*Schizothorax prenanti*	/	VU
6	鲤科	大渡软刺裸裂尻鱼	*Schizopygopsis malacanthus*	/	EN
7	小鲵科	无斑山溪鲵	*Batrachuperus karlschmidti*	二级	VU
8	小鲵科	山溪鲵	*Batrachuperus pinchonii*	二级	VU
9	小鲵科	西藏山溪鲵	*Batrachuperus tibetanus*	二级	VU
10	角蟾科	九龙齿突蟾	*Scutiger jiulongensis*	二级	VU
11	角蟾科	西藏齿突蟾	*Scutiger boulengeri*	/	LC
12	游蛇科	横斑锦蛇	*Euprepiophis perlacea*	二级	EN
13	游蛇科	美姑脊蛇	*Achalinus meiguensis*	/	LC
14	游蛇科	八线腹链蛇	*Amphiesma octolineata*	/	NT
15	游蛇科	赤链蛇	*Lycodon rufozonatum*	/	LC
16	游蛇科	黑背白环蛇	*Lycodon ruhstrati*	/	LC
17	游蛇科	缅甸颈槽蛇	*Rhabdophis leonardi*	/	LC
18	游蛇科	黑头剑蛇	*Sibynophis chinensis*	/	LC
19	蝰科	白头蝰	*Azemiops feae*	/	VU
20	蝰科	原矛头蝮	*Protobothrops mucrosquamatus*	/	LC
21	雉科	斑尾榛鸡	*Tetrastes sewerzowi*	一级	NT
22	雉科	四川雉鹑	*Tetraophasis szechenyii*	一级	LC
23	雉科	绿尾虹雉	*Lophophorus lhuysii*	一级	VU
24	鹰科	胡兀鹫	*Gypaetus barbatus*	一级	NT
25	鹰科	秃鹫	*Aegypius monachus*	一级	NT
26	鹰科	金雕	*Aquila chrysaetos*	一级	LC
27	鹰科	白尾海雕	*Haliaeetus albicilla*	一级	LC

续表

序号	科	种名	学名	保护级别	IUCN等级
28	鹰科	玉带海雕	*Haliaeetus leucoryphus*	一级	EN
29	隼科	猎隼	*Falco cherrug*	一级	EN
30	鸱鸮科	四川林鸮	*Strix davidi*	一级	/
31	幽鹛科	金额雀鹛	*Schoeniparus variegaticeps*	一级	VU
32	鹀科	黄胸鹀	*Emberiza aureola*	一级	EN
33	雉科	藏雪鸡	*Tetraogallus tibetanus*	二级	LC
34	雉科	血雉	*Ithaginis cruentus*	二级	LC
35	雉科	红腹角雉	*Tragopan temminckii*	二级	LC
36	雉科	勺鸡	*Pucrasia macrolopha*	二级	LC
37	雉科	白马鸡	*Crossoptilon crossoptilon*	二级	NT
38	雉科	白腹锦鸡	*Chrysolophus amherstiae*	二级	LC
39	鸭科	鸳鸯	*Aix galericulata*	二级	LC
40	䴙䴘科	黑颈䴙䴘	*Podiceps nigricollis*	二级	LC
41	鹰科	黑冠鹃隼	*Aviceda leuphotes*	二级	LC
42	鹰科	凤头蜂鹰	*Pernis ptilorhynchus*	二级	LC
43	鹰科	黑鸢	*Milvus migrans*	二级	LC
44	鹰科	高山兀鹫	*Gyps himalayensis*	二级	NT
45	鹰科	白尾鹞	*Circus cyaneus*	二级	LC
46	鹰科	凤头鹰	*Accipiter trivirgatus*	二级	LC
47	鹰科	松雀鹰	*Accipiter virgatus*	二级	LC
48	鹰科	雀鹰	*Accipiter nisus*	二级	LC
49	鹰科	苍鹰	*Accipiter gentilis*	二级	LC
50	鹰科	普通鵟	*Buteo japonicus*	二级	LC
51	鹰科	大鵟	*Buteo hemilasius*	二级	LC
52	鹰科	鹰雕	*Nisaetus nipalensis*	二级	NT
53	隼科	红隼	*Falco tinnunculus*	二级	LC
54	隼科	燕隼	*Falco subbuteo*	二级	LC

序号	科	种名	学名	保护级别	IUCN等级
55	隼科	游隼	*Falco peregrinus*	二级	LC
56	鹮嘴鹬科	鹮嘴鹬	*Ibidorhyncha struthersii*	二级	LC
57	鸠鸽科	楔尾绿鸠	*Treron sphenurus*	二级	LC
58	鹦鹉科	大紫胸鹦鹉	*Psittacula derbiana*	二级	NT
59	鸱鸮科	领角鸮	*Otus lettia*	二级	LC
60	鸱鸮科	红角鸮	*Otus sunia*	二级	LC
61	鸱鸮科	雕鸮	*Bubo bubo*	二级	LC
62	鸱鸮科	灰林鸮	*Strix aluco*	二级	LC
63	鸱鸮科	领鸺鹠	*Glaucidium brodiei*	二级	LC
64	鸱鸮科	斑头鸺鹠	*Glaucidium cuculoides*	二级	LC
65	啄木鸟科	三趾啄木鸟	*Picoides tridactylus*	二级	LC
66	山雀科	白眉山雀	*Poecile superciliosus*	二级	LC
67	山雀科	红腹山雀	*Poecile davidi*	二级	LC
68	噪鹛科	棕噪鹛	*Garrulax berthemyi*	二级	LC
69	噪鹛科	眼纹噪鹛	*Garrulax ocellatus*	二级	LC
70	噪鹛科	大噪鹛	*Garrulax maximus*	二级	LC
71	噪鹛科	画眉	*Garrulax canorus*	二级	LC
72	噪鹛科	橙翅噪鹛	*Trochalopteron elliotii*	二级	LC
73	噪鹛科	红嘴相思鸟	*Leiothrix lutea*	二级	LC
74	莺鹛科	宝兴鹛雀	*Moupinia poecilotis*	二级	LC
75	莺鹛科	金胸雀鹛	*Lioparus chrysotis*	二级	LC
76	旋木雀科	四川旋木雀	*Certhia tianquanensis*	二级	LC
77	鹟科	红喉歌鸲	*Calliope calliope*	二级	LC
78	鹟科	蓝喉歌鸲	*Luscinia svecica*	二级	LC
79	鹟科	黑喉歌鸲	*Calliope obscura*	二级	VU
80	鹟科	金胸歌鸲	*Calliope pectardens*	二级	NT
81	鹟科	棕腹大仙鹟	*Niltava davidi*	二级	LC

续表

序号	科	种名	学名	保护级别	IUCN等级
82	燕雀科	红交嘴雀	*Loxia curvirostra*	二级	LC
83	鹀科	蓝鹀	*Emberiza siemsseni*	二级	LC
84	大熊猫科	大熊猫	*Ailuropoda melanoleuca*	一级	VU
85	猫科	金钱豹	*Panthera pardus*	一级	VU
86	猫科	雪豹	*Panthera uncia*	一级	VU
87	猫科	金猫	*Pardofelis temminckii*	一级	NT
88	猫科	荒漠猫	*Felis bieti*	一级	VU
89	麝科	林麝	*Moschus berezovskii*	一级	EN
90	麝科	马麝	*Moschus chrysogaster*	一级	EN
91	牛科	四川羚牛	*Budorcas tibetanus*	一级	VU
92	猴科	藏酋猴	*Macaca thibetana*	二级	NT
93	猴科	猕猴	*Macaca mulatta*	二级	LC
94	犬科	赤狐	*Vulpes vulpes*	二级	LC
95	犬科	狼	*Canis lupus*	二级	LC
96	熊科	黑熊	*Ursus thibetanus*	二级	VU
97	小熊猫科	小熊猫	*Ailurus fulgens*	二级	EN
98	鼬科	黄喉貂	*Martes flavigula*	二级	/
99	鼬科	水獭	*Lutra lutra*	二级	NT
100	林狸科	斑林狸	*Prionodon pardicolor*	二级	LC
101	猫科	豹猫	*Prionailurus bengalensis*	二级	LC
102	猫科	兔狲	*Otocolobus manul*	二级	LC
103	猫科	猞猁	*Lynx lynx*	二级	LC
104	鹿科	毛冠鹿	*Elaphodus cephalophus*	二级	VU
105	鹿科	水鹿	*Cervus unicolor*	二级	VU
106	牛科	中华鬣羚	*Capricornis milneedwardsii*	二级	NT
107	牛科	岩羊	*Pseudois nayaur*	二级	LC
108	牛科	中华斑羚	*Naemorhedus griseus*	二级	VU

附录 2

四川贡嘎山国家级自然保护区珍稀野生植物名录（截至 2023 年）

序号	科	种名	学名	保护级别	IUCN 等级
1	石松科	峨眉石杉	*Huperzia emeiensis*	二级	DD
2	石松科	锡金石杉	*Huperzia herteriana*	二级	DD
3	水韭科	高寒水韭	*Isoetes hypsophila*	一级	VU
4	桫椤科	桫椤	*Alsophila spinulosa*	二级	NT
5	凤尾蕨科	月芽铁线蕨	*Adiantum refractum*	/	/
6	凤尾蕨科	小叶中国蕨	*Aleuritopteris albofusca*	/	/
7	凤尾蕨科	阔羽粉背蕨	*Aleuritopteris tamburii*	/	LC
8	岩蕨科	康定岩蕨	*Woodsia kangdingensis*	贡嘎山特有种	/
9	柏科	岷江柏木	*Cupressus chengiana*	二级	VU
10	松科	冷杉	*Abies fabri*	/	LC
11	松科	岷江冷杉	*Abies fargesii* var. *faxoniana*	/	LC
12	红豆杉科	红豆杉	*Taxus wallichiana* var. *chinensis*	一级	VU
13	红豆杉科	南方红豆杉	*Taxus wallichiana* var. *mairei*	一级	VU
14	天门冬科	垂茎异黄精	*Heteropolygonatum pendulum*	贡嘎山特有种	EN
15	天门冬科	康定玉竹	*Polygonatum prattii*	/	LC
16	鸢尾科	水仙花鸢尾	*Iris narcissiflora*	二级	VU
17	百合科	川贝母	*Fritillaria cirrhosa*	二级	NT
18	百合科	暗紫贝母	*Fritillaria unibracteata*	二级	/
19	百合科	宝兴百合	*Lilium duchartrei*	/	LC
20	百合科	尖被百合	*Lilium lophophorum*	/	/
21	藜芦科	七叶一枝花	*Paris polyphylla*	二级	/
22	藜芦科	华重楼	*Paris polyphylla* var. *chinensis*	二级	VU
23	藜芦科	狭叶重楼	*Paris polyphylla* var. *stenophylla*	二级	NT
24	兰科	白及	*Bletilla striata*	二级	EN
25	兰科	莎草兰	*Cymbidium elegans*	二级	EN

续表

序号	科	种名	学名	保护级别	IUCN等级
26	兰科	春兰	*Cymbidium goeringii*	二级	VU
27	兰科	虎头兰	*Cymbidium hookerianum*	二级	EN
28	兰科	对叶杓兰	*Cypripedium debile*	二级	LC
29	兰科	毛瓣杓兰	*Cypripedium fargesii*	二级	EN
30	兰科	大叶杓兰	*Cypripedium fasciolatum*	二级	EN
31	兰科	黄花杓兰	*Cypripedium flavum*	二级	VU
32	兰科	毛杓兰	*Cypripedium franchetii*	二级	VU
33	兰科	紫点杓兰	*Cypripedium guttatum*	二级	EN
34	兰科	绿花杓兰	*Cypripedium henryi*	二级	NT
35	兰科	西藏杓兰	*Cypripedium tibeticum*	二级	LC
36	兰科	云南杓兰	*Cypripedium yunnanense*	二级	EN
37	兰科	细叶石斛	*Dendrobium hancockii*	二级	EN
38	兰科	细茎石斛	*Dendrobium moniliforme*	二级	/
39	兰科	石斛	*Dendrobium nobile*	二级	VU
40	兰科	天麻	*Gastrodia elata*	二级	/
41	兰科	手参	*Gymnadenia conopsea*	二级	EN
42	兰科	华西蝴蝶兰	*Phalaenopsis wilsonii*	二级	VU
43	兰科	独蒜兰	*Pleione bulbocodioides*	二级	LC
44	兰科	四川独蒜兰	*Pleione limprichtii*	二级	VU
45	兰科	云南独蒜兰	*Pleione yunnanensis*	二级	VU
46	翡若翠科	芒苞草	*Acanthochlamys bracteata*	二级	VU
47	猕猴桃科	软枣猕猴桃	*Actinidia arguta*	二级	LC
48	五加科	疙瘩七	*Panax bipinnatifidus*	二级	EN
49	五加科	竹节参	*Panax japonicus*	二级	/
50	菊科	绵头雪兔子	*Saussurea laniceps*	二级	DD

续表

序号	科	种名	学名	保护级别	IUCN等级
51	菊科	水母雪兔子	*Saussurea medusa*	二级	DD
52	小檗科	近似小檗	*Berberis approximata*	/	LC
53	小檗科	川八角莲	*Dysosma veitchii*	二级	/
54	小檗科	桃儿七	*Sinopodophyllum hexandrum*	二级	LC
55	紫葳科	黄波罗花	*Incarvillea lutea*		EN
56	桔梗科	长梗同钟花	*Homocodon pedicellatus*	贡嘎山特有种	LC
57	忍冬科	甘松	*Nardostachys jatamansi*	二级	LC
58	卫矛科	康定梅花草	*Parnassia kangdingensis*	贡嘎山特有种	LC
59	连香树科	连香树	*Cercidiphyllum japonicum*	二级	LC
60	星叶草科	独叶草	*Kingdonia uniflora*	二级	VU
61	景天科	菊叶红景天	*Rhodiola chrysanthemifolia*	/	LC
62	景天科	大花红景天	*Rhodiola crenulata*	二级	EN
63	景天科	长鞭红景天	*Rhodiola fastigiata*	二级	LC
64	景天科	四裂红景天	*Rhodiola quadrifida*	二级	LC
65	景天科	云南红景天	*Rhodiola yunnanensis*	二级	LC
66	杜鹃花科	问客杜鹃	*Rhododendron ambiguum*	/	LC
67	杜鹃花科	美容杜鹃	*Rhododendron calophytum*	/	/
68	杜鹃花科	凹叶杜鹃	*Rhododendron davidsonianum*	/	LC
69	杜鹃花科	黄花杜鹃	*Rhododendron lutescens*	/	LC
70	杜鹃花科	团叶杜鹃	*Rhododendron orbiculare*	/	/
71	杜鹃花科	白碗杜鹃	*Rhododendron souliei*	/	VU
72	杜鹃花科	亮叶杜鹃	*Rhododendron vernicosum*	/	LC
73	豆科	野大豆	*Glycine soja*	二级	/
74	豆科	红豆树	*Ormosia hosiei*	二级	EN
75	唇形科	寸金草	*Clinopodium megalanthum*	/	LC

续表

序号	科	种名	学名	保护级别	IUCN等级
76	唇形科	柴续断	*Phlomoides szechuanensis*	/	/
77	樟科	油樟	*Cinnamomum longepaniculatum*	二级	/
78	木兰科	西康天女花	*Oyama wilsonii*	二级	VU
79	木兰科	光叶玉兰	*Yulania dawsoniana*	/	EN
80	列当科	新粗管马先蒿	*Pedicularis delavayi*	/	/
81	芍药科	四川牡丹	*Paeonia decomposita*	二级	EN
82	芍药科	滇牡丹	*Paeonia delavayi*	二级	/
83	蓼科	金荞麦	*Fagopyrum dibotrys*	二级	LC
84	报春花科	深紫报春	*Primula melanantha*	贡嘎山特有种	EN
85	毛茛科	大渡乌头	*Aconitum franchetii*	/	/
86	毛茛科	疏叶乌头	*Aconitum laxifoliatum*	贡嘎山特有种	/
87	毛茛科	细盔乌头	*Aconitum tenuigaleatum*	贡嘎山特有种	/
88	毛茛科	毛翠雀花	*Delphinium trichophorum*	/	/
89	毛茛科	九龙唐松草	*Thalictrum jiulongense*	贡嘎山特有种	/
90	毛茛科	康定唐松草	*Thalictrum kangdingense*	贡嘎山特有种	/
91	毛茛科	细茎唐松草	*Thalictrum tenuicaule*	贡嘎山特有种	/
92	蔷薇科	变叶海棠	*Malus toringoides*	/	/
93	蔷薇科	丽江山荆子	*Malus rockii*	二级	/
94	蔷薇科	火棘	*Pyracantha fortuneana*	/	LC
95	茜草科	香果树	*Emmenopterys henryi*	二级	/
96	杨柳科	泸定垫柳	*Salix ludingensis*	贡嘎山特有种	LC
97	无患子科	五小叶槭	*Acer pentaphyllum*	二级	CR
98	虎耳草科	枕状虎耳草	*Saxifraga culcitosa*	贡嘎山特有种	LC
99	瑞香科	唐古特瑞香	*Daphne tangutica*	/	/
100	昆栏树科	水青树	*Tetracentron sinense*	二级	/

主要参考文献

[01] 夏武平. 中国动物图谱·兽类[M]. 2版. 北京:科学出版社, 1988.

[02] 汪松. 中国濒危动物红皮书·兽类[M]. 北京: 科学出版社, 1998.

[03] 杨奇森，岩崑. 中国兽类彩色图谱[M]. 北京: 科学出版社, 2007.

[04] 朱建国, 马晓锋. 中国西南野生动物图谱·哺乳动物卷[M]. 北京: 北京出版社, 2020.

[05] 约翰·马敬能, 卡伦·菲利普斯, 何芬奇. 中国鸟类野外手册[M]. 长沙: 湖南教育出版社, 2000.

[06] 曲利明. 中国鸟类图鉴(便携版)[M]. 福州: 海峡书局, 2014.

[07] 张树仁, 蒋勇. 贡嘎山维管植物本底调查报告[M]. 武汉: 湖北科学技术出版社, 2022.

[08] 周华明, 蒋勇. 贡嘎山保护区杜鹃花[M].成都: 四川数字出版社传媒有限公司, 2016.

[09] 中国科学院动物研究所生物多样性信息学研究组.中国动物主题数据库[DB/OL]. [2024-5-11]. http://zoology.especies.cn.

[10] 中国科学院植物研究所.植物智[DB/OL]. [2024-5-11]. http://www.iplant.cn.

贡嘎山

GONGGA MOUNTAIN

贡嘎